前沿科技视点丛书
QIANYAN KEJI SHIDIAN CONGSHU

汤书昆 主编

SHENHAI TANCE
深海探测

史先鹏 姜 勇 编著

U0186753

SPM 南方传媒
全国优秀出版社
全国百佳图书出版单位 广东教育出版社
·广州·

图书在版编目（CIP）数据

深海探测 / 史先鹏，姜勇编著. — 广州：广东教育出版社，2021.12（2022.9重印）

（前沿科技视点丛书 / 汤书昆主编）

ISBN 978-7-5548-4664-3

Ⅰ．①深… Ⅱ．①史… ②姜… Ⅲ．①深海—海洋调查—青少年读物 Ⅳ．①P71-49

中国版本图书馆CIP数据核字（2021）第260312号

出 版 人：朱文清
项目统筹：李朝明
项目策划：李敏怡 李杰静
责任编辑：熊力闻 李嘉琪
责任技编：佟长缨
装帧设计：邓君豪 陈国梁

深海探测
SHENHAI TANCE

广 东 教 育 出 版 社 出 版 发 行
（广州市环市东路472号12—15楼）
邮政编码：510075
网址：http://www.gjs.cn
广东新华发行集团股份有限公司经销
佛山市浩文彩色印刷有限公司印刷
（佛山市南海区狮山科技工业园A区）
787毫米×1092毫米 32开本 5印张 100 000字
2021年12月第1版 2022年9月第2次印刷
ISBN 978-7-5548-4664-3
定价：29.80元
审图号：GS（2016）1566号
质量监督电话：020-87613102 邮箱：gjs-quality@nfcb.com.cn
购书咨询电话：020-87615809

丛书编委会名单

顾　　问：董光璧

主　　编：汤书昆

执行主编：杨多文　李朝明

编　　委：（以姓氏笔画为序）

丁凌云　万安伦　王　素　史先鹏　朱诗亮　刘　晨

李向荣　李录久　李树英　李晓明　杨多文　何建农

明　海　庞之浩　郑　可　郑　念　袁岚峰　徐　海

黄　蓓　黄　寰　蒋佃水　戴松元　戴海平　魏　铼

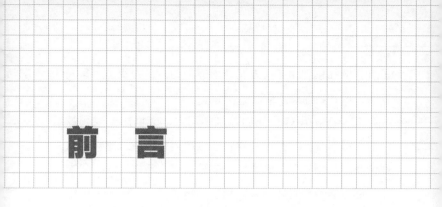

前　言

　　自2020年起，教育部在北京大学、中国人民大学、清华大学等36所高校开展基础学科招生改革试点（简称"强基计划"）。强基计划主要选拔培养有志于服务国家重大战略需求且综合素质优秀或基础学科拔尖的学生，聚焦高端芯片与软件、智能科技、新材料、先进制造和国家安全等关键领域以及国家人才紧缺的人文社会学科领域。这是新时代国家实施选人育人的一项重要举措。

　　由于当前中学科学教育知识的系统性和连贯性不足，教科书的内容很少也难以展现科学技术的最新发展，致使中学生对所学知识将来有何用途，应在哪些方面继续深造发展感到茫然。为此，中国科普作家协会科普教育专业委员会和安徽省科普作家协会联袂，邀请生命科学、量子科学等基础科学，激光科技、纳米科技、人工智能、太阳电池、现代通信等技术科学，以及深海探测、探月工程等高技术领域的一线科学家或工程师，编创"前沿科技视点丛书"，以浅显的语言介绍前沿科技的最新发展，让中学生对前沿科技的基本理论、发展概貌及应用情况有一个大致了解，以强化学生参与强基计划的原动力，为我国后备人才的选拔、培养夯实基础。

本丛书的创作，我们力求小切入、大格局，兼顾基础性、科学性、学科性、趣味性和应用性，系统阐释基本理论及其应用前景，选取重要的知识点，不拘泥于知识本体，尽可能植入有趣的人物和事件情节等，以揭示其中蕴藏的科学方法、科学思想和科学精神，重在引导学生了解、熟悉学科或领域的基本情况，引导学生进行职业生涯规划等。本丛书也适合对科学技术发展感兴趣的广大读者阅读。

本丛书的出版得到了国内外一些专家和广东教育出版社的大力支持，在此一并致谢。

中国科普作家协会科普教育专业委员会
安徽省科普作家协会
2021年8月

目　录

第一章　认识海洋

　　我们所生活的地球实际上是一个"水球"，地球表面积的一半被深度超过1000米的深海所覆盖。深海环境的特点是高压、黑暗、低温、缺氧，开展海洋科学研究是认识海洋、了解海洋的有效途径。自18世纪以来，人类就开始了海洋观测及相关研究，对海洋的探索从未停止。

　　海洋是静止不动的吗？什么是板块构造学说？不依赖于光合作用的深海黑暗食物链是什么样子的？

1.1
面积广阔的海洋

海与洋

海洋是海和洋的统称，指的是地球表面广大而连续的咸水水体。海洋覆盖了地球表面积的70.8%，总面积约3.62亿平方千米。地球上的海洋相互连通，浑然一体，从太空看去，地球表面的大陆和岛屿被广阔的海洋环绕，称其为"水球"更为确切。

根据海洋要素特点及其形态特征，可以把海洋分为主要部分和附属部分。主要部分称为"洋"，附属部分称为"海"。洋（或称大洋）主要有以下特征：

◆**地球彩色合成图像**

一般远离大陆，面积广阔，约占海洋总面积的89%；深度深，一般大于3000米；温度、盐度等海洋要素不受大陆影响，变化较小；具有独立的潮汐系统和强大的洋流系统。世界上的大洋按照地理学的概念可以分为：太平洋、大西洋、印度洋和北冰洋等。

太平洋是地球上最大的地理单元，也是世界上最大最深的大洋，约占海洋总面积的49%。太平洋由著名航海家麦哲伦命名。1520年麦哲伦率领的探险队进入这片大洋后，并没有遇到风浪，海面十分平静，为表庆贺，于是就把这片大洋命名为"太平洋"。

大西洋位于欧洲、非洲、南极洲和南、北美洲之间，约占海洋总面积的25%，是世界第二大洋。"大西洋"并非译名，而是汉语固有名词。古代中国把欧洲以西的海域称为"大西洋"，并沿用至今。

印度洋位于亚洲、南极洲、非洲与大洋洲之间，约占海洋总面积的21%，略小于大西洋。印度洋大部分分布在南半球，因为它紧邻印度，所以把它命名为"印度洋"。

北冰洋位于亚洲、欧洲、北美洲大陆环抱的北极区域，是地球上面积最小、水深最浅的大洋。北冰洋表面的大部分面积终年被海冰覆盖，因此命名为"北冰洋"。

环绕南极大陆的水域，在海洋学上有着特殊意义，具有自成体系的环流系统和独特的水团结构，是世界大洋底层水团的形成区，对大洋环流起着重要作用。因此，在海洋学上，把太平洋、印度洋、大西洋靠近南极大陆的水域及南极大陆周围的海称为"南大洋"。

世界地图

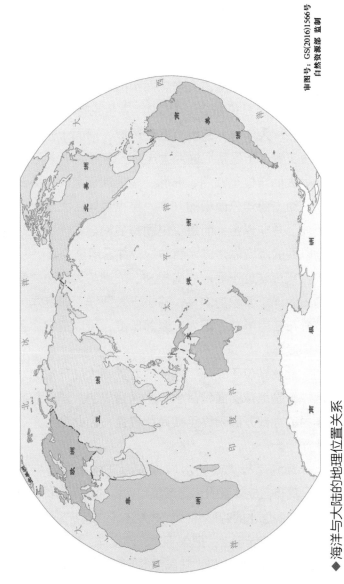

审图号：GS(2016)1566号
自然资源部 监制

◆海洋与大陆的地理位置关系

海是指大洋的边缘部分，附属于各大洋。海主要有以下特征：濒临大陆，面积比大洋小很多，约占海洋总面积的11%；深度浅，平均深度在2000米以内；温度、盐度等海洋要素受大陆影响大，有较明显的变化；没有独立的潮汐和洋流系统，但有自己的环流形式。

按照海所处的位置，可以将其分为陆间海、内陆海和边缘海。陆间海又称地中海，是指位于几个大陆之间的海，面积和深度都比较大，如地中海、加勒比海等。内陆海又称内海，是深入大陆内部的海，仅有狭窄的海峡与大洋相通，其水文特征受周围大陆的强烈影响。内陆海面积较小，四周被大陆包围，如渤海、波罗的海、黑海、红海等。边缘海又称陆缘海，位于大陆边缘，通过半岛、岛屿或群岛与大洋分隔，水流交换通畅，如黄海、东海、南海、白令海等。

深海

关于"深海"的定义，海洋学上指透光层以下的海，一般认为200米水深以下的海域为深海。其中，深度超过2000米的深海区域，占据整个海洋面积的84%。世界上海洋最深处是太平洋上的马里亚纳海沟，深达11 034米。可以说，深海是海洋系统的重要组成部分，在地球科学研究中处于重要地位。

深海的海底区域蕴藏着十分丰富的矿产资源，是保障全人类可持续发展的潜在资源宝库。多金属结核分布于深海海盆，水深4000~6000米，富含铜、钴、镍、锰等元素，储量超过700亿吨。富钴结壳分布于海山区，水深800~3000米，富含钴、镍、铂等元素，储量超过210亿吨。多金属硫化物分布于洋中脊和弧后盆地，水深500~3500米，富含铜、铅、锌、金、银等元素，储量约4亿吨。深海稀土分布于大洋盆地区域的沉积软泥中，品位①400ppm~2230ppm，水深3500~6000米，总量是陆地稀土的800倍。

　　深海分布有海岭（海底山脉）、洋中脊、深海平原、深渊、海沟等多种复杂独特的特殊生境（又称栖息地），形成了物种多样的生态系统，蕴藏着丰富的生物及基因资源，是一个巨大、天然的基因资源库，在新药开发、工业催化、环境保护、日用化工、绿色

◆普通塑料杯与下过2000米水深的塑料杯对比

---

① 品位：指单位体积或单位重量物质中有用成分的含量。

农业等领域具有广阔的应用前景。

　　深海环境的特点是高压、黑暗、低温、缺氧。海水深度每增加10米，压力就增加约1个标准大气压，相当于每平方厘米承受1升水所受的重力①。水深超过200米的海域，太阳光照几乎无法到达，水温一般在2~10℃之间，环境异常恶劣。在洋中脊附近深海热液区的喷口处，温度则高达400℃。如此看来，深海环境的特殊性让人类探索和认识深海，开发和利用深海资源，面临着巨大的挑战，以至于人类早已踏上月球的今天，对深海的了解还远远不如太空。就好比人类对太空的研究与探索一样，深海只有很少一部分被人类到达过、研究过。即使全世界已开始重视海洋探索与调查，通过调查船舶、深海潜水器等方式忙碌于世界各大洋，海洋深处仍然是地球上广袤的未开发地带。因此，深海探测逐渐受到人们的关注，并逐渐形成了一门新的学科。

---

　　① 1个标准大气压为101 kPa。1升水质量为1千克，所受重力为10牛，对1平方厘米的压强为100 kPa。

1.2
海洋科学发展史

海洋科学的发展历程

海洋科学是研究地球上海洋的自然现象、性质与其变化规律，以及海洋的开发与利用的学科。它的研究对象，既有海洋本身，包括海洋中的水和溶解或悬浮于海水中的物质，生存于海洋中的生物，也有海洋的边界，包括海洋的底边界——海洋沉积和海底岩石圈，海洋的侧边界——河口、海岸带，还有海洋的上边界——海面上的大气边界层等。它的研究内容既包括海水的运动规律，海洋中的物理、化学、生物、地质过程及其相互作用的基础理论，也包括海洋资源开发、利用及有关海洋军事活动所迫切需要的应用研究。这些研究与力学、物理学、化学、生物学、地质学、大气科学、水文科学等均有密切关系。此外，海洋环境保护和污染监测与治理还涉及环境科学、管理科学和法学等。世界海洋互相连通的统一性与整体性，海洋中各种自然过程相互作用及反馈的复杂性，人为外加影响的日趋多样性，主要研究方法和手段的相互借鉴、相辅而成的共同性等特点，促使海洋科学发展形成一个综合性的科学体系。海洋科学的发展，经历了三个主要的阶段。

　　第一阶段是18世纪以前人类所有的观测、研究和知识的积累。古代人类在生产活动中不断积累有关海洋的知识，得出了不少新颖的见解。尤其是在15世纪到17世纪间的地理大发现时期，西方国家在世界大洋发起了一系列航行和探险事件，获取了第一批关于大洋深度、温度、海流以及生物等的资料。这一时期的科技成就，有的直接推动了航海探险，有的则为海洋科学分支奠定了基础。前者如1569年地理学家麦卡托发明绘制地图的圆柱形地图投影法，1759年英国钟表匠哈里森制成当时最精确的航海钟，等等。后者如1675年荷兰生物学家列文虎克最先发现原生动物，1687年英国物理学家牛顿用引力定律解释潮汐现象，1740年瑞士物理学家伯努利提出平衡潮学说，1772年法国化学家拉瓦锡首先测定海水成分，

◆哈里森制成的航海钟

1775年法国物理学家拉普拉斯首创大洋潮汐动力学理论，等等。

第二阶段是19世纪至20世纪中叶，这一时期的特点既表现在人类活动从海洋探险逐渐向海洋综合考察转变，更表现在海洋研究的深化、成果的众多和理论体系的形成。在海洋调查方面，有英国生物学家达尔文随贝格尔号于1831至1836年开展的环球探险，英国航海家罗斯于1839至1843年开展的环南极探险等标志性事件。其中最为著名的英国挑战者号于1872至1876年开展的环球航行考察，被认为是现代海洋学研究的真正开端。挑战者号在三大洋和南极海域的多个站位进行了多学科综合观测，获得了后续研

◆挑战者号

究的丰富成果，从而使海洋学得以由传统的自然地理学领域中分化出来，逐渐成为独立的学科。这次考察的巨大成就，激起了世界性海洋调查研究的热潮。在各国竞相进行的调查中，德国流星号于1925至1927年开展的南大西洋考察，因计划周密、仪器先进、成果丰硕而备受重视。流星号的成就，又引发挪威、荷兰、英国、美国、苏联等国家先后进行环球航行探险调查。这一时期开展的诸多大规模海洋调查，不仅积累了大量资料，而且观测到许多新的海洋现象，为创新观测方法准备了条件。

在这期间，从事海洋研究的专职人员的增多和专门研究机构的纷纷建立，1925年和1930年，美国先后建立了斯克里普斯和伍兹霍尔两个海洋研究所，1946年苏联科学院海洋研究所成立，1949年英国海洋科学研究所成立，1950年中国科学院海洋研究所成立等，为海洋科学成为独立科学奠定基础。

第三阶段为20世纪中叶至今，海洋科学迅猛发展，进入现代海洋科学新时期。早在1902年，第一个国际海洋科学组织——国际海洋考察理事会（ICES）就已成立，大多数组织，包括政府间国际组织和民间组织均成立于"二战"之后。政府间国际组织以1951年建立的世界气象组织（WMO）和1960年成立的政府间海洋学委员会（IOC）为代表。民间组织如1967年成立的国际海洋物理科学协会（IAPSO），1957年成立的海洋研究科学委员会（SCOR），1966年成立的国际生物海洋学协会（IABO），以及国际地质科学联合会（IUGS）下设的海洋地质学委员会（CMG）等。

这一时期，海洋国际合作调查研究正大规模地展开，如国际印度洋考察、国际海洋考察十年、黑潮及邻近水域合作研究、全球大气研究计划、世界气候研究计划、深海钻探计划等。1980年后，有关机构又提出了多项为期十年的海洋考察研究计划，如世界洋流实验、热带海洋和全球大气实验计划。1993年实施了气候变率及可预测性计划，为期15年，而1994年11月正式生效的《联合国海洋法公约》，则涉及全球海洋的所有方面和问题。

这期间各国政府对海洋科学研究的投资大幅度增加，科考船的数量成倍增长。20世纪60年代以后，海洋科考船性能日渐优越，计算机、微电子、声学、光学及遥感技术被广泛地应用于海洋调查和研究中，先进探测设备纷纷被发明出来如盐度（电导）/温度/深度探测仪、声学多普勒流速剖面仪、海洋锚泊浮标、气象卫星、海洋卫星、地层剖面仪、侧扫声呐、潜水器、水下实验室、水下机器人、海底深钻、立体取样、立体观测系统等。

短短几十年的研究成果早已超出历史的总和，重要的突破屡见不鲜。其中，板块构造学说被誉为地质学的一次革命；海底热泉的发现，让海洋生物学和海洋地球化学获得新的启示；海洋中尺度涡旋和热盐细微结构的发现与研究，推动了海洋物理学的新发展；大洋环流理论、海洋生态系统、热带大洋和全球气候变化等领域的研究都获得突出的进展与成果。

板块构造学说

板块构造学说是地球科学发展上的一次革命。它吸取了大陆漂移学说的精髓，以海底扩张学说为基础，经过科学家们的综合研究，成为多学科交叉、渗透而发展确立的全球构造学理论。板块构造学说认为：地球内部圈层的最上部划分为岩石圈和软流层，软流层在漫长的作用力下，会呈现塑性或缓慢流动的性质。因此岩石圈可以漂浮在软流层之上做侧向运动。地球内部表层刚性的岩石圈并非"铁板一块"，它被一系列活动构造带（主要是地震活动带）分割成许多大小不等的球面板状块体，每一个构造块体就叫岩石圈板块，简称板块。法国地球物理学家勒皮雄认为，全球的岩石圈可划分为十二个板块：欧亚板块、太平洋板块、美洲板块、非洲板块、印度—澳洲板块、南极洲板块、纳兹卡板块、科科斯板块、加勒比板块、菲律宾板块、阿拉伯板块和富克板块。

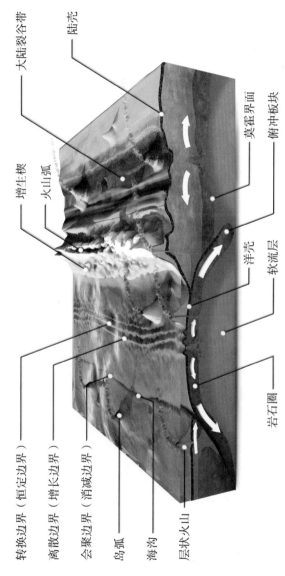

转换边界（恒定边界）
离散边界（增长边界）
会聚边界（消减边界）
岛弧
海沟
层状火山

大陆裂谷带
陆壳
增生楔
火山弧
莫霍界面
俯冲板块
洋壳
软流层
岩石圈

◆板块构造学说示意图

目前，板块构造学说的热点研究问题主要包括大陆漂移证据、海底扩张（洋壳与陆壳、大洋中脊、洋壳年龄、转换断层等）、板块构造（全球板块分布、板块边界、板块驱动力、板块移动、热点与地幔柱等）、深海灾害（海底地震、海底火山活动、海啸、深海浊流等）、深海生物（热液生物群、冷泉生物群、深海生物圈等）和深海资源（矿产、油气资源生成机制、开采利用方法等）等方面。

1.3
奔流不息的海洋

　　航海家哥伦布发现新大陆后，欧美之间的往来越来越紧密。但有一个怪异的现象，船从美国出发到英国比从英国返回美国的时间要短两个星期。美国科学家富兰克林经过研究发现，有一股强劲的海流从美国流向欧洲沿海，这就是著名的墨西哥湾暖流。海流是指海水大规模相对稳定的流动，是海水重要的普遍运动形式之一。海流由风力或密度驱动。海水由海面上的风力驱动，产生风海流。风海流一般为发生在海洋表层的水平运动，所以又称之为表层流。另一方面，

◆风可视化图像（太平洋赤道附近某区域）

海水密度的差异会引起海水的垂直运动。有些地区的表层海水因低温或高盐度，具有较高的密度，形成较重的水团，而这些较重的水团下沉并在表层以下缓慢扩展开来，使海洋深层水团充分混合因此也称这些海流为深层流。

庞大的海洋表层流占据了海洋表面的大部分区域，把世界大洋联系在一起，使世界大洋的各种水文、化学要素及热盐状况得以保持长期稳定。海洋表层流将热量从温暖的地方输送到寒冷的地方，总共输送了地表热量的1/3。靠近陆地的表层流会直接影响相邻陆地的气候，如暖流会使附近的空气变暖。而这些暖空气能容纳大量的水汽，使得更多的水汽进入大气。当这些暖湿气流进入大陆上空时，便会以降水的形式释放水汽。因此，有暖流在附近的大陆沿岸，气候通常是湿润的，如中国东部沿海、美国东部沿海都

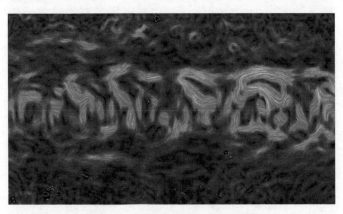

◆洋流可视化图像（太平洋赤道附近某区域）

存在暖流，使得这些区域夏季湿度非常高。相反，寒流会使附近的空气变冷，而冷空气的水汽含量较低，干冷空气到达陆地上空时，降水较少。因此，存在寒流的大陆边缘，气候通常是干燥的，如美国西海岸的一支寒流，是该地区较其他地区干旱的原因之一。这也是处在同一纬度的北欧气候比较温和，而加拿大东海岸气候则比较寒冷的原因。可见流动的表层海水对整个地球的气候系统意义重大。

表层流的主要组成部分是副热带流涡。副热带流涡是由风带引起的巨大海洋循环体，全球共五个：北大西洋副热带流涡、大西洋副热带流涡、北太平洋副热带流涡、南太平洋副热带流涡、印度洋副热带流涡。因为每个流涡的中心都刚好在副热带所在的南北纬30°左右，所以称之为副热带流涡。副热带流涡在北半球呈顺时针方向旋转，在南半球呈逆时针方向旋转。除此以外，副极地流涡也是表层海流的重要组成部分。由盛行西风引起的向东流动的南北边界流，最终流入副极地纬度带（南北纬60°左右）。在那里海流又受到极地东风带的影响而向西流动，构成副极地流涡。副极地流涡与其相邻的副热带流涡旋转方向正好相反。

表层海水密度的增加，导致海水下沉形成海洋的深层环流。海水密度的增加可由温度降低或盐度增加引起，因此海洋的深层环流也称为"热盐环流"。大多数进入深层流的水体都是来自高纬度地区的表层海水，这是因为高纬度地区气候寒冷，表层海水变冷，且海冰的形成使其盐度增加，导致表层海水密度增加。当这些表层水足够重的时候，便会下沉，形成深层流。同时，深层水会上升到表层以补充表层水的损失。在南半球副极地区域，大量的密度大的冷水沿陆坡下沉到海底，形成了南极底层水。南极底层水缓慢地扩散至全球的所有海盆中，并在约1000年后重新返回海面。而在北半球，大量的海水在挪威海形成。深层水通过次表层流流入北大西洋，成为北大西洋深层水的一部分。北大西洋深层水还包含来自格陵兰东南部格陵兰海和拉布拉多海的冷水，以及又重又咸的地中海海水。因其总体密度比南极底层水小，所以北大西洋深层水位于南极底层水的上方。

如此可见，全球的底层水体主要来自南极大陆的南极底层水，南极的水体下沉必然导致海水在某处返回海表。两者相互有机连接，就形成了一个连接深层环流和表层流的完整洋流系统。由于这个环流系统类似一个巨大的输送带，所以称之为全球环流输送带。北大西洋的表层海水北上将热量带给北欧沿岸，后变冷下沉转为向南输送，直到非洲南端汇入南极底层的绕极流。南极绕极流混合北大西洋深层水和沿南极陆坡下沉的深层水后，向北流入太平洋、印度洋的海盆深层，最终以上升流的形式返回表层，向西并入北大西洋暖流，完成输送带的全过程。环流输送带的重要意义在于，不断地将低纬度地区与赤道附近的热量和盐度低的海水带到中高纬度的海域，从而缓和北半球中高纬度地区温度的变化，维持全球气候系统的平衡。

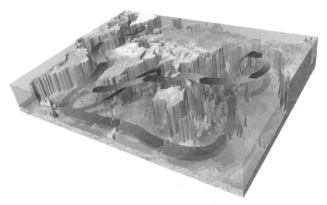

◆全球环流输送带示意图

1.4
深海黑暗食物链

深海热液区

在海底地球板块的断裂带区域（大洋中脊），海水沿裂隙向下渗流，受岩浆热源的加热，又集中向上流动并喷发，形成了深海热液喷口，而多个热液喷口连成片便形成了深海热液区。热液由水和一些化学物质组成，喷出温度最高近400℃，众多热液喷口经过长年累月的喷发就会形成错落林立的"黑烟囱"。"黑烟囱"因热液喷出时形似黑烟而得名。

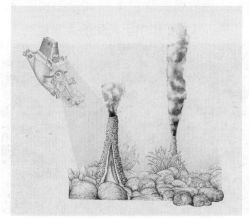

◆海底"黑烟囱"示意图

1979年，美国载人潜水器阿尔文号在东太平洋海隆深度为1650米至2610米的海底熔岩上首次发现数十个冒着黑色和白色"烟雾"的"烟囱"，以及附近由铜、铁、锌硫化物堆积形成的丘体，并观察到约40℃至200℃的含矿热液从直径约15厘米的"烟囱"口中以每秒几米的速度喷出。后来，在其他大洋和海域、西太平洋弧后盆地也发现了许多"黑烟囱"及其热液硫化物，其中对东太平洋海隆和大西洋中脊的"黑烟囱"研究程度最高，并开展了浅部钻探。近期又在深水湖泊（东非裂谷、贝加尔）和海湾（新西兰、希腊）底部发现"黑烟囱"及其金属硫化物。2013年，英国科学家在加勒比海的开曼海沟里的一个深达5000米的未曾探测过的海底区域，发现了一系列热液喷口，这也是目前发现的最深的海底热液喷口。目前，世界各大洋的地质调查都发现了"黑烟囱"的存在，其主要集中于新生的大洋地壳上。

◆洋中脊区域的"黑烟囱"

海底"黑烟囱"的发现及研究是全球海洋地质调查取得的最重要的科学成就，对于开展深海地质学、深海生物学和生命起源研究具有极其重要的价值。海底"黑烟囱"的形成主要与海水及相关金属元素在大洋地壳内的热循环有关。由于新生的大洋地壳温度较高，海水沿裂隙向下渗透可达几千米，在地壳深部加热升温，溶解了周围岩石中的多金属元素后，又沿着裂隙对流上升并在海底喷发。由于热液与海水成分及温度的差异，形成浓密的黑烟，冷却后成为硫化物颗粒并在海底及其浅部通道内堆积，形成了金、铜、锌、铅、汞、锰、银等多种具有重要经济价值的金属矿产。

◆蛟龙号载人潜水器拍摄的西南印度洋热液区"黑烟囱"

海底"黑烟囱"及其周边生物群落的发现，打破了"万物生长靠太阳"的假说。海底黑暗生物的生存依靠的不是光合作用，而是化能合成作用。生物群落的存在机制是一个化学过程。在海底"黑烟囱"周围高温、高压、黑暗、缺氧、含硫等极端环境中，生活着特殊的深海生物群落，它们的初级生产者嗜热细菌和古细菌是喷口处贻贝、磷虾、管状蠕虫等生物的主要食物来源。对此发达国家在深海极端生物方面开展了深入研究，并且在医药、化工等领域实现了产业转化。同时，这些嗜热细菌和古细菌在其自身的生活史

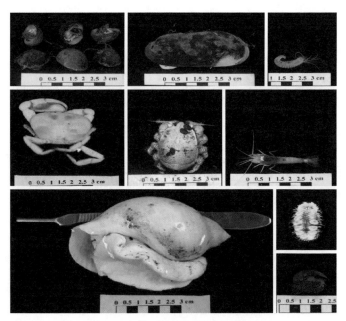

◆蛟龙号在西南印度洋热液区获得的生物样品

中不仅影响了喷口周围矿物的沉积，还直接和间接影响了矿物元素的溶解、吸附、萃取和转化等。

目前已描述的热液生物品种已有600多种，其中超过85%的热液生物为地方特有物种。科学家对热液喷口区生物新种的发现仍以平均每个月描述2种的速度增长。

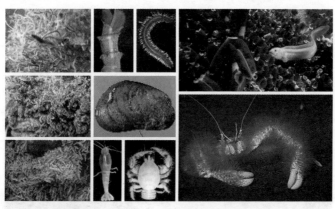

◆热液区新物种发现

深海冷泉区

深海"黑暗食物链"并不仅仅局限于热液区。在海底的大陆坡、深海区的天然气水合物分布区域，一旦海底升温或减压，就会释放大量的甲烷硫化氢和二氧化碳等，并在海水中形成气体柱，即"冷泉"。冷泉是海底可燃冰的产物之一，在冷泉附近往往发育着依赖这些物质生存的冷泉生物群，又称为"碳氢化合物生物群落"，这也是一种独特的黑暗生物群，常见的有管状蠕虫、双壳类、腹足类和微生物菌等。冷泉及其伴生的黑暗生物群是确认可燃冰存在的有力证据。冷泉活动区域一般都是深海海底生命极度活跃的地方，相比于其他的深海海底，冷泉如同"沙漠中的绿洲"。

1983年，美国科学家首次在墨西哥湾佛罗里达陡崖发现冷泉，之后世界范围内不断涌现有关冷泉的发现，现已在全球大陆边缘海底发现上千个活动冷泉。我国目前已发现的近海冷泉区主要有7个，其中南海海域分布6个，东海冲绳海槽分布1个。

◆蛟龙号拍摄的南海冷泉喷口

管状蠕虫

微生物群

碳酸盐

贻贝与蚌等

天然气水合物

◆冷泉及其周边生物群落

　　冷泉研究具有重要的科研意义，它是探寻天然气水合物的重要标志之一，冷泉生态系统是研究地球深部生物圈的窗口。同时，二氧化碳和甲烷含量与温室效应息息相关，冷泉释放的二氧化碳和甲烷可能是造成全球气候变化的影响因素，对于研究全球圈层相互作用和全球气候变化有重大的科学价值。我国蛟龙号载人潜水器在2013年南海试验性应用航次中，发现了冷泉区并将其命名为"蛟龙冷泉"，在该区域开展了多次载人深潜科学考察。2015年海马号无人遥控潜水器ROV，在珠江口盆地西部海域发现的海底巨型活动性冷泉，被命名为"海马冷泉"。该冷泉浅表层富含天然气水合物，自生碳酸盐岩和大量出露，冷泉生物群广泛发育，是非常典型的冷泉系统。

◆蛟龙号在南海冷泉区拍摄的特殊生物

　　　左上：铠甲蟹；左下：蜘蛛蟹；右上：蜥蜴鱼；右下：玻璃海绵

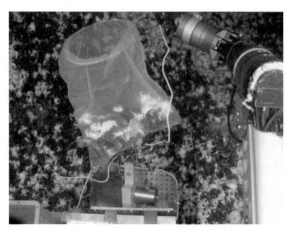

◆蛟龙号在南海冷泉区开展生物采样

1.5
奇特的海洋现象

厄尔尼诺现象和拉尼娜现象

厄尔尼诺现象主要指赤道太平洋东部和中部的冷水区域温度反常地持续升高的异常气候现象。19世纪初，在南美洲厄瓜多尔和秘鲁沿海的渔民发现，每隔几年就会出现鱼类大量死亡的现象，这是由于太平洋沿岸暖流南移，导致性喜冷水的鱼类无法适应生存环境而死亡。这种现象最严重时往往在圣诞节

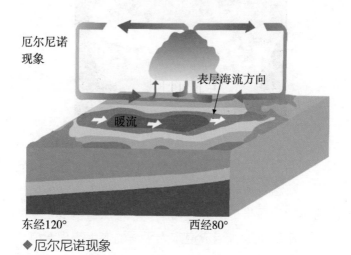

厄尔尼诺现象

表层海流方向

暖流

东经120°　　　　　西经80°

◆厄尔尼诺现象

前后，于是遭遇灾难的渔民称这种现象为"圣婴"
（西班牙语：El Niño），又称"圣婴现象"。正常
情况下，热带西太平洋被高温的暖水覆盖（中心温度
超过29℃），而东太平洋则被温度较低的冷水覆盖
（20～26℃）。但这种情况每2至7年就会被打破一
次，西太平洋次表层的海水温度升高并向东流动，导
致东太平洋表层海水温度异常升高，同时上翻的冷水
减弱甚至停止，进一步加剧海水温度升高。这种异常
现象每次持续1至2年。

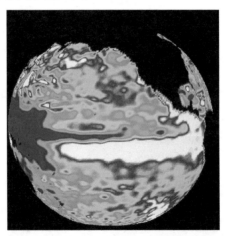

◆厄尔尼诺现象（颜色越深温度越高）

　　判断厄尔尼诺现象的主要条件有气压变化、风向
变化、海温变化、海平面高度变化、环太平洋地震火
山活动、南极半岛海冰异常减少、多次日食发生在两
极和旱涝反常等。当赤道东太平洋的海水表层温度连

续六个月高出平均值0.5℃以上时，即可认为发生了一次厄尔尼诺现象。对于全球，厄尔尼诺现象促使全球降水量比正常年份明显增多，导致东太平洋及南美太平洋沿岸国家洪涝灾害频繁，同时印度、印度尼西亚、澳大利亚一带则严重干旱，世界多种农作物受其影响。对于我国，厄尔尼诺现象容易导致暖冬，南方易出现暴雨洪涝，北方易出现高温干旱，东北易出现冷夏。

拉尼娜（西班牙语：La Niña）现象又称"反厄尔尼诺"，是与厄尔尼诺相反的现象，即赤道太平洋东部和中部冷水区域温度异常降低的现象。拉尼娜现象是热带海洋和大气共同作用的产物。海洋表层的运动主要受海表面风的牵制，信风的作用使得大量暖水被吹送到赤道西太平洋地区，而赤道东太平洋地区暖水被刮走，则主要靠海面以下的冷水进行补充，导致赤道东太平洋海温比西太平洋明显偏低。当信风加强时，赤道东太平洋深层海水上翻现象更加严重，导致海表温度异常偏低，使得气流在赤道太平洋东部下沉，而在西部的上升运动更为加剧，有利于信风加强，这进一步加剧赤道东太平洋冷水的发展，引发拉尼娜现象。

拉尼娜现象总是出现在厄尔尼诺现象之后，是修正厄尔尼诺现象造成的气候失衡的一种自然方式。对于全球，拉尼娜现象发生时，印度尼西亚、澳大利亚

平常年份

弱信风

暖水

冷水

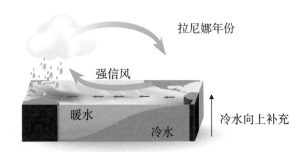

拉尼娜年份

强信风

暖水

冷水

冷水向上补充

◆拉尼娜现象

东部、巴西东北部等地区降水增多，非洲赤道地区、美国东南部等地易出现干旱现象。对于我国，拉尼娜现象容易造成冷冬，尤其是南方偏冷的概率更高于北方。

海洋蓝洞

海洋蓝洞是地球罕见的自然地理现象，从海面上看，蓝洞呈现出与周边水域不同的深蓝色，并在海底形成巨大的深洞，被科学家誉为"地球给人类保留宇宙秘密的最后遗产"。海洋蓝洞是一种独特的海洋地貌单元，是浅水礁盘中近似圆形的水下深洞。由于水深大，水体呈现深蓝色，从天空往下看就像一只蓝色的大眼睛，神秘而美丽。目前海洋蓝洞的成因有两种，分别是石灰岩溶洞成因与珊瑚礁生长结构成因（类似溶洞）。石灰岩溶洞即冰川时期因海平面下降，石灰岩受到溶蚀作用，在下部发育成为大型的空洞，当溶蚀空洞越来越大，就造成顶部塌陷，从而形成一个边缘陡峭的大洞，称为"落水洞"。当冰川期结束之后，海平面上升，海水重新灌入这个落水洞，

◆三沙永乐龙洞

便成了大家看到的"蓝洞"。

世界上已探明的海洋蓝洞的深度排名为：三沙永乐龙洞（300.89米）、巴哈马长岛迪恩斯蓝洞（202米）、埃及哈达布蓝洞（130米）、伯利兹大蓝洞（123米）、马耳他戈佐蓝洞（60米）。三沙永乐龙洞位于西沙群岛永乐环礁晋卿岛与石屿的弯月形礁盘之间，被认定为目前世界上最深的海洋蓝洞。

蓝洞深处是低氧或缺氧环境，又缺少阳光，支撑海洋生命存在的机制仍待探讨，特别是缺氧状态下的微生物群落、微生物基因，都是值得探索的课题。蓝洞形成的地质成因、地质变迁过程、与气候变化的关系、蓝洞生态系统与周边海域生态系统的关系都亟待探索研究。近30年来，海洋蓝洞被广泛用于喀斯特地貌形成过程、全球气候变化、海洋生态学和碳酸盐岩地球化学等方面的研究，极具科学价值。

第二章　人类战略资源宝库

　　自古以来，陆地资源支撑着人类生存和发展，陆地资源也在不断地消耗着。而更广袤的海洋蕴藏的资源远超陆地，深海油气资源已有成熟的开采方法，并为我们所用，海底多金属结核、多金属硫化物、富钴结壳和深海稀土是国际上公认的深海战略储备资源。另外，深海生物资源因其特有的生存环境与基因的独特性，已经逐渐实现产业转化，越来越受到国际的关注。

　　海洋资源的成因是什么？深海生物基因有何独到之处？深海矿产、生物资源与人类生活有何密切的关系？

2.1
丰富深海油气资源

　　海底油气是最重要的传统海洋资源之一。据科学家估计，目前海底油气储量与全球油气资源总量相比，海底石油约占45%，海底天然气约占50%，海底油气总产量约占全球总产量1/3。随着技术的发展，海底石油开发的水深和井深也越来越大。

◆石油钻井平台

　　油气藏是海洋油气资源开发的主要对象。油气藏的形成包括油气的生成、运移和储集等一系列复杂过程。海底沉积物富含有机残余物，其主要来源是浮游生物（如藻类）和细菌。这些有机残余物随同泥沙沉到海底后，其中的有机成分在缺氧的条件下将进行化学性质的转变，微生物活动是这种转变的主要因素之一。微生物作用产生的甲烷气体可在沉积浅部储层中出现或形成气体水合物。

石油生成需要50~60℃以上的温度、一定的压力和一定的地质年代，这些条件在地表以下埋藏深度大于1000米时才能达到。原始有机物质的类型在生成油或气的相对丰度（物质在体系中的平均含量）方面起着重要作用。富含浮游生物、细菌等有机质的沉积物与湖泊、潟湖或海洋沉积环境有关，这类有机质被认为是生成石油的主要母质。植物表皮、孢子、花粉、树脂质和木质素等有机质的沉积物与近岸环境、河流相环境有关，树脂质和木质素等被认为是生成天然气的主要母质。残余有机碳达0.5%以上的泥岩和页岩被认为是有利的生油岩，残余有机碳超过0.1%的碳酸盐岩也被认为是好的生油岩。

◆泥岩

◆页岩

石油与天然气只有聚集在具有封闭条件的各种类型圈闭内（如构造圈闭、地层圈闭或混合圈闭等）才能形成油气藏。海底油气藏的圈闭类型大多属于穹窿背斜构造，其次为由断层活动形成的滚动背斜或倾斜断块构造，不整合面形成的生物礁构造或潜山构造，盐膏层、软泥岩或火山岩形成的底辟构造，以及深海扇、浊积沙、沿岸沙坝、河道沙和三角洲形成的地层—岩性圈闭等。由于重力分异作用，天然气聚集在含油气构造的顶部，中部为油环，底部为水体。或因生油母质类型不同、差异聚集或油气运移等因素，一个构造带可能全部为气田，另一个构造带可能全部为油田。

海洋油气资源开采就是将深埋在海底的石油与天然气开采出来。海洋石油开采主要运用钻井平台技术，以及测井、完井、采油等技术。1897年，美国

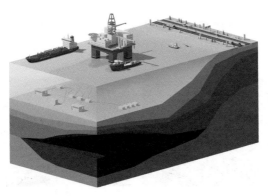

◆油气开采

最先在加利福尼亚州西海岸用木栈桥打出第一口海上油井。1920年，委内瑞拉在马拉开波湖利用木制平台钻井，成功发现了油田，但至今仍未开采。1922年，苏联在里海用栈桥成功进行了海上钻探。1936年，美国在墨西哥湾的海上开始钻第一口深井，并于1938年建成世界上最早的海洋油田。1950年，移动式海洋钻井装置出现，大大提高了钻井效率。1951年，沙特阿拉伯发现了世界上最大的海上油田——萨法尼亚油田。我国南海大陆架已知的主要含油盆地有十余个，面积约85万平方千米。南海地区的探明石油储量约为70亿桶，日产量已经达到250万桶，天然气储量很可能相当于石油的两倍以上。20世纪60年代后，随着电子计算机技术和造船、机械工业的发展，各种大型复杂的海上钻井、采集、储输设施迅速建成，促进了海上油气开采工作的开展。海上采油的作业水深已经从20世纪40年代前的几十米发展到21世纪超过3000米。如我国的蓝鲸2号钻井平台，可进行3600米以上水深的作业，钻井深度可达1500米。

目前，海上油气田超过2200个，进行海上油气勘探和开发的国家已经超过100个，主要国家有美国、巴西、挪威等。我国的陆地和海洋近海区域均经历了40~50年的勘探历程，勘探程度较高，发现新的大型油气接替领域相当困难。经过近些年的海上调查和勘探开发，近海区域油气开发深度较浅，主要集中在渤海区

◆海上钻井平台蓝鲸2号

域。南海油气资源储量丰富，占我国油气总资源量的1/3，因此被称为"小波斯湾"，南海油气70%蕴藏于深水区域，可以成为我国陆地和近海油气的重要接替领域。但由于深海自然环境恶劣、开发技术难度大、成本高等原因，南海深水的油气资源一直没有得到广泛而有效地开发。

海洋油气资源丰富，深海区是世界油气资源的重要战略接替区。建设大型深水装备，加大深水油气勘探开发，是海洋石油工业实现新的跨越式发展的重要路径，是保障国家能源安全、发展海洋经济的必然要求，也是建设海洋强国、维护国家海洋权益的现实需要。

2.2
多样海底矿产资源

深海矿产资源是指在深海中发现较早，已经进行工业开采或具备工业开采能力的矿产资源。目前的深海矿产资源主要包括多金属结核（锰结核）、富钴结壳和多金属硫化物三类。近些年，深海稀土也引起了世界各国的关注，日本等国家已经开展相关的科学研究和一系列海洋调查工作。深海区域

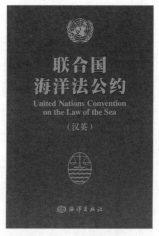

◆联合国海洋法公约

一般属于国际海底区域（公海），国际海底区域的各项活动均受《联合国海洋法公约》（UNCLOS）约束，此公约对内水、领海、临接海域、大陆架、专属经济区、公海等重要概念作了界定，对当前全球各处的领海主权争端、海洋资源管理、污染处理等具有指导和裁决作用。

《联合国海洋法公约》的根本原则是国际海底区域资源属于全人类共同所有，公海对所有国家开放，不论其为沿海国或内陆国。《联合国海洋法公约》约定了世界各国在公海活动的六大自由，包括航行自由、飞越自由、铺设海底电缆和管道的自由、建造国际法所容许的人工岛屿和其他设施的自由、捕鱼自由、科学研究的自由。国际海底事务受国际海底管理局（ISA）管理，国际海底管理局总部设在牙买加金斯敦，各个国家在调查基础上可以向国际海底管理局申请海底矿区，拥有矿区的国家对海底矿产资源具有优先的勘探权和开发权。

◆国际海底管理局标志

在近海，我国拥有18 000千米的大陆海岸线，200多万平方千米的大陆架和6500多个岛屿，管辖的海域面积近300万平方千米。而在深海，我国在中国大洋矿产资源研究开发协会（COMRA）的组织下，依托航次调查及综合研究，成功在国际海底区域申请并获得了共4块具有专属勘探权和优先开发权的多金属结核、富钴结壳和多金属硫化物矿区。

目前，中国已经成为在国际海底区域申请矿区数量最多、矿区种类最为齐全的国家，初步完成了在三大洋及时提出新矿区申请的技术准备工作，逐步形成了"多种资源、多海域、多船作业"的深海资源勘查的战略布局。

多金属结核

多金属结核又称"锰结核"，它的形态多样，有球状、椭圆状、扁平状、炉渣状等。锰结核的尺寸变化也比较悬殊，从几微米到几十厘米的都有，质量最大的甚至有几十千克。锰结核广泛分布于世界海洋2000～6000米的深海底部表层，其中以生成于4000～6000米水深海底的品质最佳。锰结核中50%以上是氧化铁和氧化锰，还含有镍、铜、钴、钼、钛等20多种元素。仅就太平洋底的储量而论，以锰结核形式存在的金属元素，约含锰4000亿吨、镍164亿吨、铜88亿吨、钴98亿吨，其金属资源储量相当于陆地上总储量的几百倍甚至上千倍。锰结核是可以自生长的，而且增长很快，以每年1000万吨的速度不断堆积，它将成为一种人类取之不尽用之不竭的"自生矿物"。因此，锰结核被认为是最具有商业开采价值的深海矿产资源。

锰结核是怎样形成的呢？科学家推测，地壳中岩浆和热液的活动，以及地壳表面剥蚀、搬运和沉积作用，形成了多种矿床，雨水的冲蚀又使地面上溶解的一部分矿物质流入了海中。在海水中，锰和铁原处于饱和状态，由于河流夹带作用，这两种元素含量不断增加，引发过饱和沉淀，并且以胶体态的含水氧化物构成沉淀。在沉淀过程中，这些含水氧化物多方吸附铜、钴等物质并与岩石碎屑、海洋生物遗骨等形成结核体，沉到海底后又随着底流一起滚动，像滚雪球一样，越滚越大，越滚越多，最终形成了大小不一的锰结核。

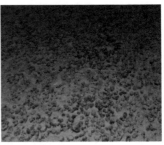

◆多金属结核（锰结核）

富钴结壳

富钴结壳是生长在海底岩石或岩屑表面的一种结壳状自生沉积物，又称为"锰结壳""铁锰结壳""多金属结壳""钴结壳"等。早在20世纪50年代，美国中太平洋考察队在开展大洋基础地质科学考察时，就发现了太平洋水下海山上存在着铁锰质的壳状氧化物，但未给予重视。此后，美国、俄罗斯亦曾分别对夏威夷群岛和中太平洋海山上的铁锰氧化物展开调查。直到1981年德国太阳号科考船率先对中太平洋富钴结壳展开专门调查后，富钴结壳才真正受到世界各国政府的高度重视和海洋学家的密切关注。我国也于20世纪90年代中期正式拉开了富钴结壳航次调查的序幕。

富钴结壳主要赋存在水深较浅的海山、海坡上，分布于800~3000米水深之间，富含钴、镍、铅、铂等，储量超过210亿吨。富钴结壳一般以每1~3个月一个分子层（即每一百万年1~6毫米）的速率增长，是地球上生长最缓慢的自然过程之一。因此，形成一个厚厚的结壳层需要长达6000万年。有迹象显示，结壳在过去2000万年经历了两个形成期，铁锰增生过程被一层生成于800万至900万年前的中新世的磷钙土所中断。这一层在新、老物质之间的隔断可以为寻找更老、更丰富的矿床提供线索。如最低含氧层的矿床较丰的现象，使调查人员将钴的富集部分归因于海水中的低含氧量。

富钴结壳所含金属（主要是钴、锰和镍）可用于可增强钢材硬度、强度和抗蚀性等特殊性能。在工业化国家，约1/4~1/2的钴被用于航天工业，生产超合金。这些金属也在化工和技术产业中被用于生产光电电池和太阳电池、超导体、高级激光系统、催化剂、燃料电池、强磁材料以及切削工具等产品。

◆富钴结壳

多金属硫化物

　　多金属硫化物主要分布在大洋中脊、岛弧和扩张海盆的裂谷带，存在于500～3500米水深区域，富含铜、铅、锌、金、银等，储量约4亿吨。多金属硫化物最初发现于红海，继而在东太平洋海隆、大西洋中脊、印度洋中脊顶部都有发现，呈泥状、浸染状和块状产出。多金属硫化物的主要矿物成分是：黄铁矿、黄铜矿、闪锌矿等硫化物类和钠水锰矿、钙锰矿、针铁矿及赤铁矿等铁锰氧化物和氢氧化物。

　　多金属硫化物的形成是一个漫长又重复的过程。海底冷水渗入地球板块交界处的缝隙空间，被地壳下的熔岩（岩浆）加热后，从"黑烟囱"排出。这些热液在与周围的冷水混合时，水中的金属硫化物沉淀到"烟囱"和附近的海底，随着时间的推移，形成了高

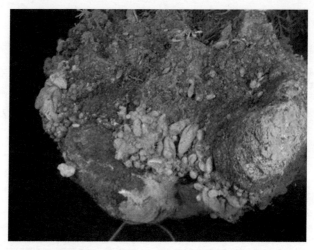

◆多金属硫化物

低林立的"黑烟囱",有的"黑烟囱"的高度可以达到近百米。随着时间的推移,"烟囱"体形成、倒塌,再形成、再倒塌,逐渐形成多金属硫化物矿,一般一个硫化物分布区的大小与篮球场相当。多金属硫化物积聚在海底或海底表层,形成几千吨甚至上亿吨的块状矿床。一些块状硫化物矿床富含铜、锌、铅等金属,特别是贵金属金、银等。

中国对多金属硫化物资源的勘查水平,已经跻身全球前列。2007年,中国在西南印度洋发现了超慢速扩张脊的热液活动区。2008年,中国第一次在东太平洋海隆赤道附近发现热液活动区。2009年,中国发现首个位于南大西洋南纬12°以南的热液区。海底热液多金属硫化物勘探成为各国竞相关注的热点。

深海稀土

稀土元素通常指钪Sc、钇Y和镧系元素的统称，素有"工业味精""工业维生素""工业黄金"之美誉，被誉为当今世界上最重要的战略资源之一，已广泛应用于玻璃陶瓷、电子信息、石油化工、冶金、机械、能源等多个领域。

▲稀土元素及其常见用途

原子序数	元素名称	元素符号	常见用途
21	钪	Sc	特种玻璃、轻质耐高温合金等
39	钇	Y	特种玻璃、电子和光学器件等
57	镧	La	光学玻璃、高温超导体等
58	铈	Ce	还原剂、催化剂，如汽车尾气净化
59	镨	Pr	特种合金、有色玻璃、搪瓷和陶瓷等
60	钕	Nd	光学玻璃、激光材料、磁性材料等
61	钷	Pm	示踪元素，荧光粉、核能电池等
62	钐	Sm	激光材料、核工业等
63	铕	Eu	核反应中子吸收剂，电视显示屏
64	钆	Gd	核反应中子吸收剂，核磁共振成像
65	铽	Tb	高温燃料电池、发光材料等
66	镝	Dy	发光材料等，如电影、印刷照明光源
67	钬	Ho	磁性材料、光通信器件等
68	铒	Er	有色玻璃、磁性材料、超导体等
69	铥	Tm	X射线源，如临床诊断和治疗肿瘤等
70	镱	Yb	特种合金、发光材料等，如光纤通信
71	镥	Lu	核工业、能源电池等

从资源储量来说，中国是稀土资源大国。20世纪90年代初期，中国稀土储量曾占世界总储量的88%。经过30余年的开采，中国目前以世界稀土资源总量的23%储备，承担世界90%以上的市场供应。稀土是不可再生资源，为免开采殆尽，目前很多国家也在尝试研究稀土替代产品，以摆脱对稀土的依赖。

除了已探明的陆地稀土储量，稀土在海洋和地壳中也有丰富的储量。其中，深海稀土主要分布于大洋盆地区域的沉积软泥中，存在于水深3500～6000米深度区域，总量是陆地稀土的800倍。目前发现海底沉积物中稀土元素含有较丰富的区域主要是太平洋和印度洋。为了缓解稀土可能面临的供应紧张局面，世界各国加大了对深海稀土资源的调查与研究工作。2011年8月，日本研究人员通过柱状沉积物取样，发现了东南太平洋和中北太平洋的深海泥具有较高含量的稀土元素。中国对中印度洋海盆区开展了深海稀土加密调查，同时在东南太平洋深海盆地内初步选划出了面积约150万平方千米的富稀土沉积区。中国成为对印度洋、东南太平洋深海稀土调查研究程度最高的国家。但目前，针对深海稀土沉积物开展的科学研究、勘探开发、选冶技术等研究都还处于初级阶段，技术有待科学家们继续突破。

2.3
神秘生物基因资源

除了深海矿产资源以外，深海生物基因资源也是具有重要战略价值的深海资源。深海分布有海山（海岭）、洋中脊、深海平原、深渊、海沟等多种复杂的海底地理环境，以及热液喷口、冷泉等独特的生态系统，蕴藏着极为丰富的物种，各种物种的基因也较为独特。深海生物的多样性、复杂性和特殊性使其在生长和代谢过程中，产生出各种具有特殊生理功能的活性物质，其中某些特异的化学结构类型更是陆地生物体内缺乏或罕见的。因此深海生物基因资源被公认为未来重要的基因资源来源地，是一个巨大的、天然的基因资源库，具有巨大的开发应用潜力。

尽管深海生物处于高盐、高压、低温、寡营养、无（寡）氧和无光照的环境中，生存条件比陆地生物复杂恶劣得多，但各种深海生物依然能够凭借其特殊的结构和功能维持生命活动。海底的特殊生境使深海微生物进化出精简的基因组和特殊的代谢机制，适应了特殊的深海环境。各种古菌、细菌、噬菌体广泛分布于整个深海环境，构成独特的深海生物圈，并在地球生物化学循环中起着重要作用。

目前陆地微生物中发现的化合物超过95%是已知化合物，化合物作为医学药物研发的创新源头，与海洋的无限潜力相比，陆地生物的新活性化合物资源面临"枯竭"态势。根据世界海洋物种有关数据库的统计，截至2017年5月，有24.3万种海洋物种被收录，还有很多海洋物种未被发现。深海生物作为新物种源头的资源潜力巨大。

特别典型的是，深海中分布于热液区或冷泉区极端生境的生物，它们处于独特的物理、化学和生态环境中，在高压、剧变的温度梯度、极微弱的光照条件和高浓度的有毒物质的包围下，形成了极为独特的

◆深海热液区生物资源

生物结构、代谢机制，体内产生了特殊的生物活性物质。科学家可以利用所获取的深海生物基因对普通功能物质基因进行改造，使普通功能物质也具有特殊功能。例如利用深海极端生物可以提取嗜碱、耐压、嗜热、嗜冷、抗毒的各种极端酶。

深海生物基因对于生物起源和进化、生物对环境的适应性，以及医药卫生、环境保护、生物科技、轻化工等领域的研究，都能够起到重要的推动作用。深海生物资源已显现出无限的商业价值，基于深海生物基因的有关研究成果已经在新药开发、工业催化、环境保护、日用化工、绿色农业等领域中形成产业。目前，深海生物资源开发在低温生物催化剂及抗冻剂等方面取得长足进展，各类深海极端微生物及其基因资源在生物医药、工业、农业、食品、环境等领域的开发应用也已取得突破性进展。预计未来20年内，深海生物资源将在新药开发、工业催化、环境保护、日用化工、绿色农业等领域形成重要产业。

深海生物资源在人类健康保障中具有重要应用前景，海洋新药以及具有保健功能分子的发现已成为人类健康的重要保障。由于抗生素的广泛使用，超级细菌耐药性已对人类健康构成严重助力，而深海微生物代谢产物被证明是未来新药研发的重要助力。目前人类已从海洋生物资源中发现近3万种天然产物。巨大的潜在商业价值将催生新生深海生物资源产业，可以预计，该产业不仅会带来巨大的经济效益，更会带来不可估量的社会效益。另外，深海生物资源伴生的深海生物病毒不仅具有极高的资源价值，也存在潜在的安全风险，可能成为威胁人类生存的双刃剑。

近年来，鉴于深海生物资源的重要应用潜力和战略价值，利用新技术从深海中开发新的生物资源，从技术和资源的源头开展创新研究，成为国际上新资源研究与开发的前沿方向。不少国家均制订了政府长期资助研究计划，以推动深海极端微生物的研究和开发。深海生物资源的国际竞争还集中体现在知识产权保护方面。进入21世纪，国际上与海洋生物相关的专利呈逐年增长态势。目前，海洋生物资源约有5000个专利。

2.4
奇特天然气水合物

　　天然气水合物（gas hydrate）属于有机化合物，分子式可用$mCH_4 \cdot nH_2O$来表示，m代表水合物中的气体分子数，n为水合指数（也就是水分子数）。组成天然气的成分有如CH_4、C_2H_6、C_3H_8、C_4H_{10}等同系物，以及CO_2、N_2、H_2S等可形成单种或多种天然气水合物。天然气水合物的主要成分为甲烷，甲烷分子含量超过99%的天然气水合物，通常称为甲烷水合物（Methane Hydrate）。

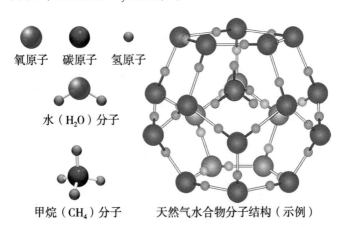

氧原子　碳原子　氢原子

水（H_2O）分子

甲烷（CH_4）分子　　　天然气水合物分子结构（示例）

◆甲烷分子与天然气水合物分子结构

天然气水合物是一种由天然气与水在高压低温条件下形成的类冰状的白色结晶固态物质。因其外观像冰一样且遇火即可燃烧，所以又被称作"可燃冰""固体瓦斯"或"气冰"。天然气水合物在自然界广泛分布在大陆永久冻土、岛屿的斜坡地带、活动和被动大陆边缘的隆起处、极地大陆架以及海洋和一些内陆湖的深水沉积层孔隙环境。1立方米的可燃冰可在常温常压下释放164立方米的天然气及0.8立方米的淡水，所以固体状的天然气水合物往往分布于水深大于300米以上的海底沉积物或寒冷的永久冻土中。

　　海底天然气水合物依赖巨厚水层的压力来维持其固体状态，其分布可以从海底到海底之下1000米

◆海底可燃冰

的范围以内，再往深处则由于地温升高使其固体状态遭到破坏而难以存在。形成可燃冰有三个基本条件：温度、压力和原材料。首先在温度方面，可燃冰在0~10℃生成，超过20℃便会分解，而海底温度一般保持在2~4℃左右；其次在压力方面，可燃冰在0℃时，只需30个大气压即可生成，而以海洋的深度30个大气压的条件很容易满足，并且气压越大，水合物就越不容易分解；最后形成可燃冰所需的原材料是充足的气源，海底有机物沉淀中丰富的碳经过生物转化，可产生充足的气源。海底的地层是多孔介质，在温度、压力、气源三者都具备的条件下，可燃冰晶体就会在介质的空隙中生成。

天然气水含物由于较煤、石油等资源储量丰富，被认为是21世纪可开发的新型能源。天然气水合物

◆天然气水合物试采

的能效是煤的10倍，常规天然气的2～5倍。自20世纪60年代起，以美国、日本、德国、韩国、印度和中国为代表的一些国家都制订了天然气水合物勘探开发研究计划。近些年，我国的天然气水合物调查与开发技术获得了快速发展。2013年6月至9月，在广东沿海珠江口盆地东部海域首次钻获了高纯度天然气水合物样品，并通过钻探获得可观的控制储量。2017年5月，中国首次在南海海域开展的天然气水合物试采工作获得成功。2017年11月3日，国务院正式批准将天然气水合物列为新矿种。

可燃冰大有替代传统化石能源的趋势，但为何至今仍未商业化？其原因是天然气水合物开采容易但收集难。平均每1立方米的冰可分解成164立方米的天然气和0.8立方米的水，而由于气相膨胀，目前在开采过程中，无法避免部分甲烷逃逸，进入海水发生氧化作用，消耗海水的含氧量，给海洋生态带来危害。若逃逸到大气中，在等体积的情况下，甲烷造成的温室效应约为二氧化碳的25倍，而已探明的可燃冰中甲烷的含量约为大气中甲烷含量的3000倍，假设约有1%的甲烷逃逸，理论上，大气的甲烷含量将增加30倍，将造成严重的温室效应，并可能引发气候、海洋灾难。

幸运的是，甲烷在大气中的寿命为12年，此后便会分解，因此目前适量开采可燃冰未尝不可。但是，从另一方面来说，大陆架的可燃冰一旦被开采，其岩层结构将发生改变，重则可能会导致大陆架坍塌、海啸等自然灾害发生。

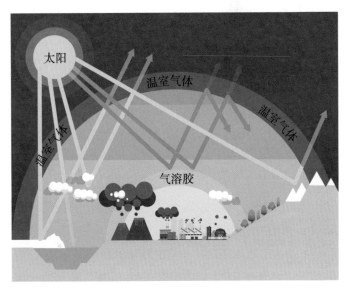

◆温室效应示意图

第三章　著名海洋调查计划

　　海洋调查是认识海洋的重要手段，从原始的"结绳测深"发展到当今的深海大科学计划，海洋调查进展突飞猛进，人类对海洋的认识也更加深刻、综合。载人深潜是海洋调查的典型事件；综合大洋钻探计划让人类探索深海深部成为可能；全球海洋观测计划实现了多样化海洋要素的观测，使海洋变得更加透明；国际海洋生物普查计划对海底生物种类进行了"人口普查"；大洋中脊计划让我们更加聚焦深海地球科学和生命科学……

　　人类对海洋的认识有多少？又是如何逐渐深入的？

3.1
海洋调查及发展史

　　海洋蕴含着诸多重大科学问题，是人类实现可持续发展的战略资源宝库，因此，我们需要认识海洋、了解海洋，深入开展海洋调查工作。海洋调查是对海洋现象进行观察、测量、采样分析和数据初步处理的全过程，是用各种仪器设备直接或间接对海洋的物理学、化学、生物学、地质学、地貌学、气象等海洋状况进行调查研究的手段。海洋调查一般是在选定的海区、测线和测点上布设和使用适当的装备或仪器设备，以获取海洋环境要素资料，揭示并阐明其时空分布和变化规律，为海洋科学研究、海洋资源开发、海洋工程建设、航海安全保证、海洋环境保护、海洋灾害预防提供相关数据和基础资料，并对获得的海洋数据进行分析与处理，推进对海洋的研究与探索，进而更科学地认识海洋。

◆海洋调查

　　现代深海调查活动通常以18世纪法国数学家、天文家皮埃尔·西蒙·拉普拉斯通过观察巴西和非洲海岸的潮汐运动来分析考察大西洋的平均深度作为开始的标志，他计算出该海域的深度为3962米，并用声学方法测量验证其精确性。随后，为了满足海底电缆的精确安装工程技术需求，精准的探测技术手段变得非常迫切，人们进而开展了第一个基于精确声学原理探测的海底调查活动。

　　第一个深海生物样本，是在1864年由挪威的研究人员在海底深处3109米的海百合样本上获取的。

　　对深海极端环境进行调查与探索，需要精心设计的理论方法与调查技术手段来支撑。自16世纪20年代，人们就迈出了深海探索的脚步，直至今日，也从未停歇。

1521年，斐迪南·麦哲伦试图利用长度为2400英尺的重力线来测量太平洋的深度，但并没有触探到太平洋的底部。

1818年，英国研究人员约翰·罗斯是世界上第一个发现深海深部存在生命的科学家。当年，他利用一种特殊的取样装置在深海2000米左右的深度捕捉到水母和蠕虫。

1843年，著名的Abyssus理论诞生。爱德华·福布斯认为，深海生物多样性并不丰富，并且生物多样性随着深度的增加而减少。他认为，在深度超过550米的水域可能没有生命。

1850年，迈克尔在深度800米处的海域发现了丰富的深海动物，从而驳斥了Abyssus理论。

从1872到1876年，挑战者号科考船承担完成了世界上第一个较为系统的深海调查航次。该航次由查尔斯·威维尔·汤姆森率领，发现了深海蕴藏着一个多元化的生物群落系统。

从1890年至1898年，由澳大利亚和匈牙利两国海洋科学家组成的联合科考队在东地中海和红海有关海域开展了深海调查活动。

从1898年至1899年，第一个德国深海科考航次在南大西洋开展，并且在该海域深度大于4000米的

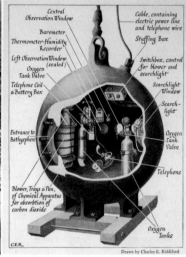

◆深海球形潜水器及其结构示意图

深处发现了许多海洋新物种。

1930年，威廉·毕比和奥蒂斯·巴顿是到达深海的第一批人，他们搭乘由钢材制成的载人球，到达了435米的深度，并且在该深度发现了海蜇和虾。

1934年，毕比和巴顿乘坐过的载人球进一步到达了923米左右的深度。

1948年，巴顿搭乘载人球进一步下潜到1370米的深度。

世界闻名的里程碑式的深海调查事件，是瑞士人雅克·皮卡德和美国人唐纳德·沃尔什于1960年搭乘的里雅斯特号深海载人潜水器到达马里亚纳海沟

10 916米的深度（"挑战者深渊"），创造了世界最深载人深潜的下潜深度记录，并且在那里发现了深海鱼类和其他深海生物。

沃尔什是美国海洋学家、探险家和海洋政策专家。皮卡德是瑞士著名深海探险家及发明家。两人均是深海探险史上的传奇人物。

的里雅斯特号长15米，是一艘完全可以自给自足的深海载人潜水器，它像一艘"水下热气球"。该载人潜水器主要由两部分组成：第一部分是一个装着22 500加仑（约8.5万升）轻汽油的雪茄状巨大浮筒"容器"，由于浮筒内充满了比海水比重小得多的轻汽油，从而为潜水器提供浮力；第二部分是悬挂在"汽油容器"下面的一个直径2米左右的钢制密封球

◆的里雅斯特号深海载人潜水器

体舱，两个探险家进行深海探险时就挤坐在这个狭小的球体舱中。

当两名探险家开展深海下潜探险时，根据下潜深度计算，他们会在下潜前首先把几吨重的铁沙压载装进特殊的储油罐中。待潜水器需要升上水面时，打开储油罐，甩掉压载。由蓄电池供电的小型电动机保证螺旋桨、舵和其他机动装置持续运转。这种类型的深潜器不能灵活运行，它如同"深水电梯"，在观察人员潜到指定地点后就返回水面。的里雅斯特号载人潜水器主要用于深海冒险与观察发现，不具备海底勘查作业能力，所以它不属于勘查作业型载人潜水器。

总的来说，20世纪60年代以前，人们对深海的认识还比较浅显，很多方面都处于空白阶段，所开展的深海调查活动处于比较初级的阶段，目的性不强，对深海的研究意义与研究价值认识不够充分，调查方法和技术手段相对原始和落后。

随着社会经济的不断发展，科学技术的不断提高，国外深海调查技术发展呈现的特点表现在各国单独开展及联合开展深海大洋调查的次数越来越多，频率也越来越高，并广泛出现了利用浮标、潜标、大型科考船舶、载人潜水器、海底观测网络等新型手段开展的深海调查作业活动。

特别是从20世纪八九十年代开始，类型繁多的水下机器人（或水下运载器）的出现，大大提高了深海调查的效率。比如，有缆遥控机器人（Remote Operated Vehicle，ROV）的大量涌现和使用，实现了产业化，被广泛地应用在海洋油气生产等水下作业领域。大量的无缆水下机器人（Autonomous Underwater Vehicle，AUV）和水下滑翔机（Underwater Glider）等，改变了深海调查需要动用大型科考船舶支撑的历史，无缆机器人呈现出更大的智能性和灵活性。深海潜水器的操纵作业是通过携带具有一定调查目的的传感器、作业工具来实现的，因此深海水下机器人的发展带动了深海传感器和装备制造产业的向前发展。

另外，由于海底观测网络可以实现海底大范围区域的长时间连续观测，可实时将多种异类传感器的数据源源不断地输送到岸基，在海洋科学研究、海洋科普教育、灾害预警、环境污染预防与水质保护、生态保护、国防安全以及作为新研制设备进入海试测试平台等领域发挥着重要作用，也逐渐被各国所重视。可以认为，深海调查技术就是一种手段或者方式，根据不同的调查目标，可以采用不同的调查技术。

3.2
综合大洋钻探计划

　　综合大洋钻探计划（Integrated Ocean Drilling Program，IODP）是一项旨在通过研究海底沉积物和岩石来探索地球历史和结构的国际研究计划，其前身是大洋钻探计划（Ocean Drilling Program，简称ODP）和深海钻探计划（Deep Sea Drilling Project，简称DSDP）。综合大洋钻探计划是20世纪地球科学领域中规模最大、历时最久的国际合作研究计划，所取得的科学成果证实了海底扩张、大陆漂移和板块构造等理论，极大地推动了20世纪地球科学的发展。

　　大洋钻探始于20世纪50年代末，美国启动"莫霍界面钻探计划"，派出卡斯1号钻探船在东太平洋钻进五口深海钻井，最大井深为183米。由于技术难度和经费不足，该计划于1966年终止。同年，美国四大海洋所组成了"地球深部取样联合海洋研究所"（JOIDES），由美国国家科学基金会（NSF）出资委托斯克里普斯海洋研究所创办。1968年格洛玛·挑战者号深海钻探船首航墨西哥湾，开启了深海钻探计划的序幕，至1983年计划结束时，格洛玛·挑战者号共完成了96个航次，航程逾60万千米，在624个站位钻井1092口，取芯累计长达98千米。其研究成果证实了海底扩张理论，建立了板块学说，同时促使了古海洋学新学科的诞生，为地球科学带来了一场革命。

1985年1月，大洋钻探计划正式开始执行，由原石油钻探船改造的乔迪斯·决心号接替退役的格洛玛·挑战者号活跃在世界大洋。大洋钻探计划实施过程中，国际参与科研合作单位的数量持续增长，至计划接近结束时已发展壮大到18家美国国内成员和22家国际伙伴。中国于1998年4月正式加入大洋钻探计划，成为大洋钻探第一个参与成员。随后，中国大洋钻探学术委员会成立。至2003年9月，乔迪斯·决心号共完成111个航次，在669个站位钻井1797口，取芯累计长达222千米，最深的钻孔通过几个航次的持续钻进约2千米。1999年2月至4月在南海成功实施了中国海的首次深海钻探航次——ODP第184航次，在6个站位的17个钻孔累计获取约5500米的岩芯。

2003年10月1日，综合大洋钻探计划正式启动。该计划以"地球系统科学"思想为指导，计划打穿大洋壳，揭示地震机理，查明深部生物圈和天然气水合物，理解极端气候和快速气候变化的过程。至2013年，综合大洋钻探计划结束，其中日本海洋科学技术中心提供的配有立管、动态定位的地球号钻探船、美国升级后的乔迪斯·决心号钻探船及欧洲提供的钻探船平台等完成了48个航次，取得了辉煌的成绩，创造了钻进海底2466米的新纪录。同时，还在北极区域执行了钻探航次，揭示了北冰洋5000万年前曾经是暖温带湖泊的惊人历史；在赤道太平洋成功获取了5300万年来古赤道太平洋的连续沉积物断面。

2013年10月起，综合大洋钻探计划进入了全新阶段，改名为"国际大洋发现计划"（International Ocean Discovery Program，IODP），并制订了科学研究十年计划，研究内容包含气候和海洋变化、生物圈前沿、地球的相关性及地球在运动四大主题。我国从参与成员转为正式成员，并于2014年在南海完成了新计划的首航。

国际大洋发现计划不仅取得了丰富的海洋资料和数据成果，对于论证大陆漂移学说及推动板块构造理论的诞生、发展，提供了可靠的科学依据，同时也在深海钻探技术方面取得了突破性进展。基于国际大洋发现计划，科学家相继研制出深海潜水器、深海电视抓斗、海底摄影、侧扫声呐、多波束测深探测仪、常压载人深潜器等装备，为大洋钻深计划提供了先进的技术设备和仪器支撑。

3.3
全球海洋观测计划

　　全球海洋观测计划主要通过全球海洋观测系统（Global Ocean Observing System，GOOS）由4个国际机构发起并组织实施，分别是政府间海洋学委员会、世界气象组织、国际科学理事会和联合国环境规划署。该计划致力于获得与分享有关海洋环境现状与未来状态的可靠评估和预报资料，以便有效、安全和持续利用海洋环境，为气候变化预报做出贡献，为海洋科学各学科的研究、开发和培训指明方向。

　　政府间海洋学委员会一直在推动全球海洋观测计划，但在海洋中建立像陆地上一样的定点观测站几乎是不可能的。基于此，1998年，各国大气、海洋科学家联合推出了一个全球性的海洋观测计划——ARGO（Array for Real-Time Geostrophic Oceanography），以深海为观测对象。ARGO是一个以剖面观测浮标为工具实施的海洋观测系统，它所取得的数据供全世界使用，该计划设想用3～5年的时间，在全球大洋中每隔300千米布放一个卫星跟踪浮标，总计3000个，以组成一个庞大的AROG全球海洋观测网。

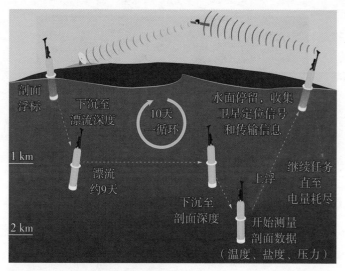

剖面
浮标

下沉至
漂流深度

10天
一循环

水面停留，收集
卫星定位信号
和传输信息

1 km

漂流
约9天

继续任务
直至
电量耗尽

上浮

2 km

下沉至
剖面深度

开始测量
剖面数据
（温度、盐度、压力）

◆ARGO系统浮标工作流程

　　ARGO计划的推出，迅速得到了澳大利亚、加拿大、法国、德国、日本、韩国等10余个国家的响应和支持，并已成为全球海洋观测系统的重要组成部分。中国于2002年正式宣布参加国际ARGO计划的组织实施。ARGO计划至今已在全球海域范围内投放了约12 000个浮标，目前全球海洋中漂浮着超过3200个活动的ARGO浮标，平均每月生产超过1万组海洋观测剖面数据。

　　除ARGO计划外，另一种能够实现海底长期、原位观测的系统便是海底长期观测网络系统，它可以实现海底大范围区域长时间的连续观测，实时将不同种类传感器的数据源源不断地输送到岸基。海底长期观

◆海洋观测系统

测网络系统在海洋科学研究、海洋科普教育、灾害预警、环境污染预防与水质保护、生态保护、国防安全等领域发挥着重要作用。

21世纪初，世界海洋强国纷纷制定和调整海洋发展战略计划和科技政策，以确保在新一轮海洋竞争中占据先机，相应地国际和区域性海底长期观测网络逐步建设。

海底长期观测网络的建设较为灵活，面对不同的应用需求，可以通过电路系统的分支和通信系统的延伸，灵活多变地搭载多种科学传感器。纵观国际上已建成的海底长期观测网络系统，按网络规模可划分为微型（观测站）、中型（观测链）和大型（观测网）

观测网络三种类型。观测站一般实现海底定点小区域的观测，比如对某一热液喷口处的观测等；观测链实现的观测区域相对较大，可以用来作为某一片区域的观测，也可以作为待入网设备的海底测试平台；大型观测网是基于观测站和观测链技术发展起来的。按照水深划分，可分为近岸观测网和深海观测网，近岸观测网可作为拟入网深海观测网设备的测试平台，实现待集成于深海观测网设备的功能性测试，而深海观测网则基于近岸观测网发展。按照用途划分，观测网络系统可以作为观测网络入网设备的测试平台或在深海科学中获取有关海洋数据。

目前，国际上建造了大量的海洋中微型观测网，服务和支撑了不同领域的应用需求。如由伍兹霍尔海

◆国家海底科学观测网示意图

洋研究所设计建造的小型观测网络PLUTO的工作平均水深只有20米左右，由于水深比较浅，可以手工布放，而不需要大型水下机器人布放，可用于观测潮汐、营养盐等参数。伍兹霍尔海洋研究所和罗格斯大学联合建造的中型观测网络LEO-15的工作平均水深只有11米，离岸9千米，有两个观测节点，可用于海底观测网建造技术的研究与入网设备的测试。夏威夷大学用于监视海底火山的中型观测网络HUGO，工作平均水深约1000米左右，由夏威夷大学水下研究室的Pisces IV和Pisces V载人潜水器参与水下相关设备的布放、回收与维护等工作。日本发起的VENUS计划，利用海底退役的电信电缆进行通信，在海底2200米铺设了海底观测网络，利用深海6500号载人潜水器进行电缆的切割，实现设备的布放与回收。可扩展的海底观测网是未来的发展趋势，比如，可扩展海底观测网络OBSEA是一个近岸型观测网络，它是欧洲著名观测网络系统ESONET入网设备的测试平台。

　　海底观测网络的国际总体发展趋势是大型的观测网络结构在不断获得延伸发展，而中小型的观测链和观测站由于投资相对较低，因而可实现定点定区域的观测，并且还可以作为入网设备的测试平台。

3.4
国际海洋生物普查

　　海洋蕴藏着丰富的生物资源，能为人类提供源源不断的、具有高营养价值的食物原料。但是，随着科技的发展，人类对海洋的开发与利用不断加深，进一步影响了海洋原有的生态系统，给海洋生物多样性造成了潜在的威胁。因此，人类有必要加强海洋生物多样性的研究。著名的国际海洋生物普查计划（Census of Marine Life，CoML）由美国率先开展，并逐渐发展为45个国家和地区共同参与，是一个评估和解释世界海洋生物多样性、分布和丰富程度的十年（2000—2010年）国际海洋研究计划。简单地说，该计划就是海洋科学家对海洋生物进行"查户口"，以充分认识海洋生物的潜力与奥秘。

　　普查计划旨在对整个地球的海洋生物进行调查，共同回答"海洋生命的过去、现在和未来"这一科学问题；从种群、物种和基因三个层次，建立海洋生物多样性研究体系；逐步实现可持续发展渔业的目标。国际海洋生物普查计划是迄今为止在同类计划中规模最大、考察面积最广、资金投入最多的国际合作项目，有80个多国家、2700多名科学家参与。

国际海洋生物普查计划中的主要科学研究工作包括：为海洋生物多样性搜集新突破和新发现，基于新发现推进新技术与新装备的发展，采样海洋生物并开展海洋生物学研究，评估人类活动可能对海洋生物带来的影响。

经过十年的调查研究，国际海洋生物普查计划的普查结果可以总结为三大方面。一是普查海洋生物分布，包括已知海洋物种的分布图、主要顶级海洋物种的全球交通图和物种丰富性的全球地图（显示了海洋生物多样性的热区和范围）；二是海洋生物多样性调查，包括已命名的海洋生物的完整清单（物种数量为23万～25万）、大多数已命名物种的介绍网页（与生命百科全书合作编纂）以及物种的DNA标记（"条码"）；三是海洋生物丰富程度，包括对食物链中各个层次以及经选择的物种生物质的新估计、小型动物对大型动物的相对频率变化的估计以及对已经失去或可能即将失去的丰富程度的估计等。通过国际海洋生物普查计划的实施，新发现的深海生物已经达到17 650种，其中包括虾类、珊瑚、星鱼、蟹类等，其丰富性、多样性和广泛性令人震惊。

具体来说，国际海洋生物普查计划主要获得了以下成果：

一是确立了目前海洋生物的多样性、分布和丰富度的基线，为未来变迁的评估提供了初始资料。普查发现，海洋生物实际上比人类想象的更为丰富，其相互依存的程度也更高。

二是利用各种无线电发报标志器及卫星追踪装置，绘制了许多大型海洋动物洄游或迁徙的路线和繁殖区域，如鲸鱼、海狮、海豹、海象、鲨、鲨鱼、翻车鱼等。这些数据可作为渔业管理或海洋保护区划设的重要参考。通过调查发现，一些海洋物种群体正逐步缩小，甚至濒临灭绝。例如，由于过度捕捞，从而导致鲨鱼、金枪鱼、海龟等物种数量锐减，部分物种的总数甚至减少了90%到95%。

三是了解了哪些海域已经被充分调查，哪些海域尚待勘测。全球尚有20%的海洋未被勘测，特别是深海及远洋的中下水层深海珊瑚、海山、海沟、冷泉、热泉等未知区域。

四是发现了人类对深海的影响，过去主要来自废弃物处理，但如今主要是来自渔业、石油和矿物提炼。破坏海洋生物多样性的主要原因按影响程度依次是过度捕捞、栖息地破坏、外来物种入侵、污染及气候变迁等，而预测未来最大的影响则来自气候变化。对环境历史的研究显示：部分海洋栖息地和生物资源受到人类的影响已长达数千年，但如果栖息地能获得保护，资源恢复虽然缓慢，也仍然有效；近海和内海海域受到的人为影响最为严重，生物多样性遭受最大威胁的地方是内海和人口稠密的区域，例如地中海、墨西哥湾、波罗的海、加勒比海以及中国的大陆架。海洋经济产业和陆地来源的污染物也正在对海洋生态系统的健康产生前所未有的影响。

五是建立了世界海洋生物名录（World Register of Marine Species， WRoMS）。截至2011年1月，除微生物外，超过20万个海洋物种已被描述，估计至少有超过75万个物种尚待描述。最为大家所熟悉的海洋动物，例如鲸类、海豹和海象等，仅占海洋生物的极小部分，海洋中可能还生活着数十亿类微生物。在海洋中，少数类型处于支配地位，而无数丰富度较低的种类则占观测到的物种的大多数。如果这个多样性极其丰富的海洋发生变化，可能会对地球的生态系统造成深远的影响。

科学家在普查中发现了很多新奇有趣的海洋物种，比如一条长1米、寿命约600年的管虫，一条以速度110千米/时在水中穿行的旗鱼，长着两只"大耳朵"酷似动画角色"小飞象"的深海章鱼等。在北极和南极海域也发现了蚕豆大小的游泳蜗牛，它们利用船桨似的足编织了一张黏液网，用来捕捉水藻和其他小颗粒作为食物。另外，在相关海域还发现了一只雌性黑海蛾鱼，它是海洋里的猎食者，它利用身体发出的"荧光"吸引猎物，并用它的尖牙捕获猎物。从照片可以看到，黑海蛾鱼的舌头上甚至也长着尖牙，黑海蛾鱼只有一根香蕉那么大，如果再大一些，它们将会非常可怕。科学家还发现了生活在南极冰冷海水中的独角雪冰鱼，这种鱼可以在冰点以下的低温中存活。

在陆地生物资源不断减少的今天，加强海洋生物资源研究对我们具有重大的现实意义，它可以指引我们更好地利用海洋资源，制定环境友好的海洋开拓政策，开发环保型技术，健康可持续地利用海洋资源，最终为人类可持续发展做出重要贡献。

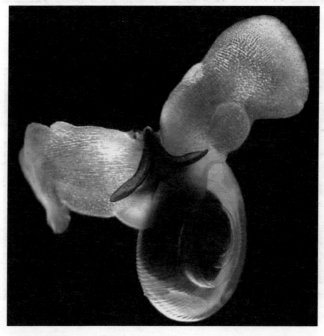

◆游泳蜗牛

◆黑海蛾鱼

◆南极冰鱼

大洋中脊研究计划

洋中脊区域被认为代表了新岩石圈增生的场所，因此也成为地质和地球物理界研究的焦点之一。目前，关于洋中脊的物理构造、化学特征、场位特征、有关的生物群落、随水柱的物质交流、地震学和磁场等只是发展了有限的几个研究方向，多数甚至绝大多数研究工作只涉及全球洋中脊体系的一部分，参与洋中脊研究的科学家也比较少。洋中脊体系规模庞大，它遍布了地球上所有的大洋盆地，需要作为一个全球体系来研究，因此科学家们着手组织实施与洋中脊本身尺度相符的一个宏大的研究计划。

国际大洋中脊协会（InterRidge）是洋中脊研究领域内唯一的科学组织，该组织包括中国、法国、德国、日本、英国、美国等成员国和超过2500名研究学者成员。国际大洋中脊协会致力于创建一个全球性的海洋

◆国际大洋中脊协会标志

地球科学研究群体，规划和协调单一国家无法完成的新的科学研究方向和国际合作项目，加强科学信息交流，共享新技术和新设备。

为了增强对洋壳组成、演化及其与海洋、生物圈、气候、人类社会之间相互作用的认识，相关研究领域确立了一系列的研究重点。以此为基础框架，国际大洋中脊协会提出了国际洋中脊研究计划，这是国际地学领域的重要科学计划之一。国际洋中脊研究计划从1992年开始实施，截至目前已完成两个十年科学计划。第一个十年科学计划（1994—2003年）在西南印度洋中脊共组织和协调了16个航次，使西南印度洋中脊成为目前世界上研究最深入的慢速扩张脊之一。该计划的实施促进了西南印度洋中脊考察研究，推进了洋中脊全球取样研究，加强了世界各国的合作，使该协会发展成为完整的联合团体。第二个十年科学计划（2004—2013年）以促进学科间交流、通过各个国家的合作深化大洋扩张中心的研究为核心任务，在超低速扩张脊、洋中脊与地幔柱热点相互作用、弧后扩张系统与弧后盆地、洋中脊生态系统、持续海底监测观察、海底深部取样、全球洋中脊考察等方面进行合作研究。

历经二十年的发展，国际大洋中脊协会第三个十年科学计划所关注的焦点已经从促进世界各国科学家对大洋中脊的协作研究，发展为聚焦洋壳形成演化等

◆印度洋中脊

重大基础科学问题；从研究洋中脊洋壳的起源，发展
为关注洋脊侧翼和深海平原下的洋壳演化，一直到汇
聚边缘、俯冲带、岛弧和弧后系统的系列变化。国际
大洋中脊协会于2011年12月在美国旧金山召开学术
会议，对第三个十年科学计划（2014—2023年）的

科学主题、相关领域重大科学问题及其实施计划进行了探讨。为了增强对洋中脊的进一步认识，第三个十年科学计划确立了以下六个研究焦点：

一是洋中脊构造与岩浆作用过程。地球表面有60%以上是由扩张洋脊形成。20世纪后半叶，由于技术限制（如分辨率低的声呐图像），科学家对于外部观察和海底深部取样都非常困难，因而对洋壳知之甚少。到了21世纪，依托高分辨率地球物理图像处理、深海潜水器、深海钻探等技术的快速发展，科学家对洋壳的认识有了新进展。目前，国际大洋中脊协会正对洋中脊的一系列与全球系统密切相关的活动展开整体研究。

与之相关的主要科学问题包括：洋壳构造的控制因素，构造扩张的影响范围，慢速和超慢速扩张的工作机制，大洋核杂岩的多样性，洋壳构造的时间变化及控制因素，复杂构造背景下扩张脊不连续变化的控制因素等。

二是海床与海底资源。研究证据表明，非活动或死亡的热液喷口点的硫化物的总量可能远远超过从活动热液喷口点发现和估计的量。由于对热液系统停止后海底硫化物的变化缺乏认识，我们对海底硫化物的氧化速率和栖息于其中的生物群落的研究有待加强。由于其巨大的稀有和主量金属的含量，深入认识非活动热液硫化物矿床的需求日益凸显。鉴于技术和环保

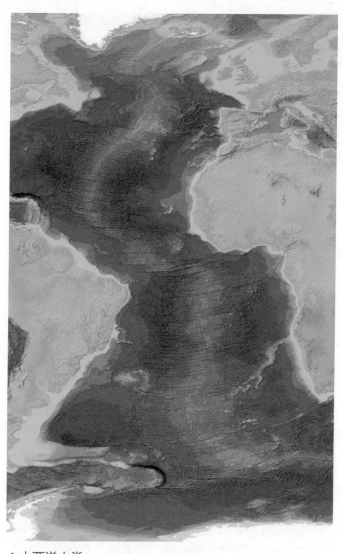

◆大西洋中脊

的原因，非活动热液硫化物金属资源的开发前景比活动热液硫化物更好。

与之相关的主要科学问题包括：如何识别海底非活动热液硫化物矿床，非活动热液硫化物的总量，海底块状硫化物矿的年龄，非活动热液硫化物矿中生存的有机体类型，非活动热液硫化物矿的地质归宿，基底岩性和水深对块状硫化物资源潜力和生物的影响，矿床和沉积物的化学毒性。

三是地幔的控制作用。洋脊是观察不同时空尺度上地幔不均一性的重要窗口。在洋脊与地幔异常相互作用的地方，洋壳记录了地幔热点和地幔柱通量及其对扩张过程的构造影响随时间所发生的变化。

与之相关的主要科学问题包括：地幔不均一性在不同时空尺度上的表现，扩张过程和地幔不均一性的关系。

四是洋脊—大洋相互作用及通量。未来十年，大洋环流模型的精度将进一步提高，同时将囊括更精确的海洋测深地图和地热通量模型。改进后的模型将更好地预测全球环流。科学家可使用地球化学示踪和新的基因组定位技术构建的生物地图来测试模型的精确度。

与之相关的主要科学问题包括：深海混合作用和加热作用，生物与化学分布，通量的分布（聚集型与分散型）。

五是洋中脊的轴外过程和结果对岩石圈演化的作用。洋中脊的轴内和轴外过程控制了超过60%的地壳的组成和演化。国际大洋中脊协会之前的科学规划重点主要放在洋中脊的轴内过程，这在探索增生过程和热液通量方面取得了显著的进展。但其对轴内与全球热通量的估算仍然存在不足，而这恰恰表明了轴外过程的重要性。因此，对洋脊侧翼的研究显得愈发重要。

与之相关的主要科学问题包括：增生过程如何发展、减弱、随离轴距离变化，洋中脊顶部如何随时间和过程变化，分散型轴外"低温"热液流体的作用，控制俯冲板块组成的综合过程。

六是海底热液生态系统的过去、现在与未来。过去三十年对海底热液群落的研究彻底改变了我们对深海生物的看法，在这些有限空间内，生物量级远大于周围的深海环境。此外，很多生物群落包含丰富的地方性物种，既有微生物，也有后生动物，以适应环境变化带来的挑战。而洋脊系统的新发现丰富了物种多样性，也增强了对该系统的整体认识。在此背景下，对海底热液物种演化和群落结构驱动力的认识，以及对个体种的敏感性、热液生物群落和生态系统功能人为影响的研究都显得愈发重要。

与之相关的科学问题主要包括：生物对海底热液环境的生理适应的分子基础与发生时间，对海底热液环境的适应怎样影响并导致热液生物的多样性，历史全球变化（如全球性深海缺氧）对物种演化的影响，海底热液动力学性质对物种演化的影响，海底热液物种（群落）的适应性及对深海采矿的可能影响，全球变化对热液生物的影响及其时间尺度。

第四章　深海探测的利器

　　深海潜水器是开展深海探测的利器，代表着深海科技的最前沿和制高点。如载人潜水器、无人遥控潜水器、无人自主潜水器（含水下滑翔机系统）等，都已经获得了飞速的发展。各类潜水器也在朝着大深度、智能化、协同化和绿色能源方向发展。

　　人类是如何进入深海的？世界各国的深海潜水器又是怎样的？人类到达的最大下潜深度是多少？

深海潜水器又被称为"水下机器人"，是实现深海探测的利器。根据是否载人进行划分，它可分为非载人深海潜水器（Unmanned Underwater Vehicle）和载人深海潜水器（Manned Underwater Vehicle）两大类，根据是否配置电缆进行划分，又可进一步分为有缆和无缆深海潜水器。

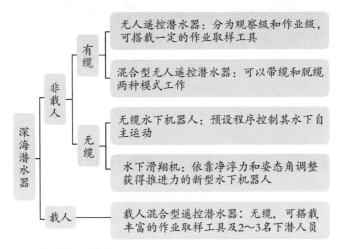

◆深海潜水器分类

深海潜水器是实现深海下潜、深海探测和深海开发的重要支撑平台。深海潜水器均是水下运载平台，其上一般搭载着科学传感器，作业型潜水器（主要指载人潜水器和无人缆控潜水器）还会搭载一些探测取样类的作业工具。所以说，深海潜水器平台上搭载的传感器和作业工具的种类与量决定了潜水器探测作业的能力范围。

　　各类深海潜水器在调查作业模式方面各有特点，在应用领域方面各有所长。载人潜水器由潜航员驾驶操作，可以携带深海工程技术人员或科学家亲临海底目标作业区域，进行最为直接的现场观测、原位探测、精细采样等工作，主要应用于深海资源勘查和深海科学考察领域。作业级无人遥控潜水器由操作员在支持母船端遥控控制，根据潜水器线缆传来的海底影像远程控制潜水器本体运动与机械手精细取样作业。由于船端能源的持续供给，其水下作业时间较长，在深海科学研究和海洋工程领域被广泛应用。无缆自主潜水器通过预编程实现水下自治运动规划，可用于深海地形地貌、海底流场等海洋环境参数的大尺度、长时序观测，主要应用于物理海洋、海洋地质调查。

4.1
载人潜水器系统

　　本节所介绍的载人潜水器系统主要指作业型载人潜水器。作业型载人潜水器是指具有水下观察和作业能力的潜水航行装置。载人潜水器由潜航员驾驶，能够搭载人员到达海底区域进行近距离观察、原位精准采样、精细化操作，具有扰动和噪音小等优点，已成为衡量一个国家海洋技术实力的重要标志，体现了一个国家材料、控制、海洋学等领域的综合科技实力。它可以完成多种海底复杂任务，包括通过摄像、照相进行海底资源观察勘查、海底勘探、水下设备定点布放与回收、海底电缆和管道检测、海底开发和打捞、救生等。

　　参与载人潜水器下潜的潜航员、科学家和工程师等身处潜水器载人球内，载人球内嵌了厚重的观察玻璃窗，用于实现从载人舱内向舱外的观察。载人潜水器一般由铅酸电池、银锌电池或锂电池等能源供电，水下作业时长取决于所携带的电池电量，满电状态的水下时长（包括下潜、上浮和水下作业）一般在十多个小时。载人潜水器的应用需要一艘深潜母船作为支撑，船舶甲板需要配备大型吊放系统来实现载人潜水器的布放与回收。考虑到载人潜水器所携带的有限电量，目前世界上已有的载人潜水器的下潜、上浮均是无动力的，主要是采用重力与浮力之间的调节关系。

载人潜水器是一个水下作业平台，它在水下的勘探作业工作主要是通过配置的机械手和采样篮上配置的作业工具来实现的。为了保证充足的作业功率，作业型载人潜水器的机械手一般是液压驱动的。载人潜水器所配置的采样篮负载一般在几百千克左右，可以搭载生物与地质采样筐、生物诱捕器、采水器、沉积物取样器、温度探针等原位探测仪器。载人潜水器

◆蛟龙号载人潜水器搭载的部分作业工具

左上：生物诱捕器；左下：采水器；右上：沉积物取样器；右下：热液保压取样器

除了自身需要具备良好的悬停定位、导航控制等能力外，作业工具的水平也决定了水下作业成果的产出。为了应对不同的和不断发展的水下勘探调查需求，载人潜水器的作业应用能力也在不断地升级。

载人潜水器包括大深度型载人潜水器和中浅水型载人潜水器。中国、法国、俄罗斯、日本、美国等国家研制了当前世界上仅有的几艘大深度型载人潜水器（下潜深度大于4500米）。据美国海洋技术协会载人潜水器委员会2019年数据库显示，目前全世界可跟踪的载人潜水器有320台，其中160台较为活跃，被广泛应用于水下科研、海洋工程、海底观光、商业、军事安全等领域。

深海挑战者号

深海挑战者号载人潜水器高7.3米，重12吨，钢质载人球体仅可容纳一人。同传统的研究型载人潜水器一样，深海挑战者号同样借助1100磅（约500千克）的钢制球形压载铁，用于潜水器下潜和上浮的浮力调节。该潜水器通过锂电池为推进器、导航和通信系统供电。在潜水器本体外侧，布置有丰富的LED光源、高清照相机，以及3D视频系统。

深海挑战者号载人潜水器经历了10年的计划与准备和不断创新，设计建造的最终目标是缩短潜水器的下潜、上浮时间，并采集尽量多的海底图片、视频，以及获取来源于1960年的里雅斯特号载人潜水器的相关证据。该潜水器的核心设计理念是通过设计尽量小的载人舱空间，来增强舱体的耐压能力同时减小潜水器的自重（尽量小的空间也限制了潜水器搭载人员的数量）。狭小的空间需要确保人体在舱内相对比较舒适，也要确保观察窗的设备具有一定的观察范围也非常有限。该潜水器建造的第二个关键点是使用了一种新研制的高性能浮力材料，这种浮力材料密度虽然很小，硬度却足够大，占据了潜水器70%的体积空间。

◆深海挑战者号载人潜水器

深海挑战者号载人潜水器能够在水中垂直下潜、上浮，这将缩短潜水器下潜、上浮所需的时间，进而提高潜水器坐底后的工作效率。潜水器在布放入水之前，一直处于水平状态，一旦入水，潜水器将慢慢由水平姿态转向垂直姿态。此时，载人舱将处于潜水器的底部。这种设计方式使得潜水器可以以150米/分的速度竖直在水中运行，同当今大多数载人潜水器的下潜、上浮速度（约30米/分）相比，无疑具有较大的优越性，减少了下潜时间的同时还可以增加在海底的作业时间。该潜水器应用的另一个特点，是它的下潜需要配置一系列着陆器系统，着陆器系统配置有常规传感器和视频传感器，这为实时拍摄深海挑战者号的下潜提供了可能。

深海 6500 号

深海6500号载人潜水器由日本海洋地球科技研究所的海洋技术与工程中心管理。该潜水器在1989年建造于日本神户，最大下潜深度为6500米级。

在2012年蛟龙号在马里亚纳海沟完成相关下潜以前，深海6500号载人潜水器是下潜深度最大的作业型载人潜水器。2011年，在日本东北部名古屋地震后，深海6500号在福岛附近开展了环境监测相关的紧急调查任务。尽管在当时已经有很多海洋科学家在排队等候深海6500号的下潜，但为了应对福岛核危机影响，载人潜水器搁置了下潜安排，全身心投入到福岛附近的环境监测任务中，并取得了巨大的成功。此后，一些新的技术被集成到深海6500号上，包括两个高清照相机的体积被优化得更小，固定式照相机更换了广角镜头，所有的视频数据使用稳定可靠的iVDR（多标准样式互动平台）作为存储媒介。另一个升级是给潜水器加置了光纤，用于实现潜水器和母船之间的图像传输。而为了调整这些升级改造所带来的重量变化，深海6500号的电池箱外壳更换成了玻璃纤维增强塑料。

◆深海6500号载人潜水器

自2011年日本东北部发生大地震以来，日本开始对国家近海海岸的地震断裂带产生了研究兴趣。日本认为发展下一代全海深载人潜水器非常必要，并且认为传统理念设计的载人潜水器已经很难获得新的技术突破。因此，日本海洋地球科技研究所正在寻找下一代载人潜水器发展的创新点，包括计划研制12 000米级全海深载人潜水器等。

鹦鹉螺号

法国海洋开发研究院在1984年建造了鹦鹉螺号载人潜水器，该潜水器是新一代6000米级载人潜水器。在1987—1998年间，鹦鹉螺号载人潜水器在泰坦尼克号失事地点海域进行了116次下潜，还开展了热液区的调查。为了提高下潜调查的经济性与高效性，科学家通常利用3000米级AsterX号无缆水下机器人在夜间执行待调查海域的多波束地形扫描，发现感

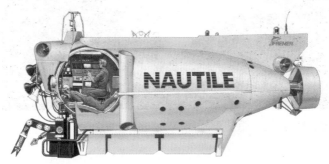

◆鹦鹉螺号载人潜水器

兴趣的作业点后，利用鹦鹉螺号载人潜水器在白天开展下潜应用。这种应用模式经实践验证效果非常好，经济高效，为未来的载人潜水器应用提供了新的模式与参考。

和平号

和平Ⅰ号与和平Ⅱ号两艘潜水器于1987年建成，是由芬兰的一家海洋公司设计与建造。截至2013年，这两艘潜水器已经在全球范围开展39个航次任务，包括16个科学应用航次、7个水下电影拍摄航次、7个国家安全应用航次、5个水下观光航次和4个水下失事残骸搜救航次。这两艘载人潜水器曾多次到达热液区开展科考，参加在挪威海域失事的苏联核潜艇共青团员号调查和2000年的库尔斯克号失事核

◆ 和平号载人潜水器

潜艇调查，从1991年至2005年先后对失事的泰坦尼克号开展了8个航次的下潜调查，前往俾斯麦号失事战列舰开展了4个航次调查，前往日本的I-52号失事潜艇开展了2个调查航次，2007年执行了北极航次，以及2009年至2011年执行了贝加尔湖调查航次。

阿尔文号

阿尔文号是服务于美国伍兹霍尔海洋研究所的深海考察工具。它于20世纪60年代初根据美国机械师哈罗德·弗勒利希的设计而建造，并在1964年6月5日下水。伴随着阿尔文号载人潜水器的投入应用，以及世界各国对深海工作的重视，从20世纪60年代开始，国际深海调查工作进入了一个全新的时期。

◆阿尔文号载人潜水器

1964年初次下水时，阿尔文号的主要部件是一个钢制的载人圆形壳体，最深可下潜到1868米处。1972年，阿尔文号换上了新的钛金属壳体，将下潜深度提高到了3658米。1978年它下潜到了4000米深处，1994年到达4500米。至今，阿尔文号已累计搭载近1.5万人次进行下潜，并于2018年11月完成了第5000次下潜。在50多年的运营历程中，伍兹霍尔海洋研究所的工程师对阿尔文号进行了多次升级改造，与1964年的初始系统相比，潜水器几乎所有部件都已经被更换过。新阿尔文号载人潜水器的下潜深度升级为6500米级，具有更大的载人舱，观察窗由3个增至5个，配置了新的灯光系统、更高分辨率的摄像系统、新的浮力材料，以及更加先进的操控系统等。

蛟龙号

蛟龙号于2002年立项研制，是我国自行设计、自主集成研制的载人潜水器。蛟龙号长8.2米，宽3.0米，高3.4米，空气中重量不超过22吨，有效载荷220千克，最大工作设计深度为7000米，作业范围可覆盖全球海洋区域的99.8%。蛟龙号按照其组成可分为：潜水器本体结构系统、控制系统、液压系统、生命支持系统、声学系统、电力配电与推进系统、观通系统、机械手与作

◆蛟龙号载人潜水器

业工具系统等子系统。2012年7月，蛟龙号在马里亚纳海沟下潜至7062米。

　　蛟龙号除了具有7000米级最大下潜深度外，它还有以下三个特点：一是具有针对作业目标的稳定悬停能力，这为完成高精度作业任务提供了可靠保障；二是具有先进的水声通信和海底微貌探测能力，可以高速传输图像和语音，探测海底的小目标；三是配备多种高性能的探测作业工具，确保载人潜水器在特殊的海洋环境或海底地质条件下完成保真取样和潜钻取芯等复杂任务。

　　蛟龙号具备先进的深海探测能力，配置高分辨率侧扫声呐，具有先进的水声通信和信号处理技术，还配备了原位地质力学测量、热液保真取样、温度测量、微生物取样、多参数化学传感器、小型钻机等多系列探测装备，具备优异的探测能力。

深海勇士号

深海勇士号载人潜水器是中国第二台深海载人潜水器，它的作业能力达到水下4500米。深海勇士号的研发是在蛟龙号研制与应用的基础上开展的，进一步提升了中国载人深潜核心技术及关键部件自主创新能力，降低了运维成本，有力地推动了深海装备功能化、谱系化建设。该潜水器的浮力材料、深海锂电池、机械手全是由中国自主研制的，国产化达到95%以上。这不仅让潜水器的成本大大降低，也促进了国内潜水器相关配件的生产和制造水平的提升。

◆深海勇士号载人潜水器

奋斗者号

　　奋斗者号是中国研发的万米级载人潜水器，于2016年立项，由蛟龙号、深海勇士号载人潜水器的研发团队承担主要研发工作。作为"十三五"国家重点研发计划"深海关键技术与装备"重点专项核心研制任务，奋斗者号于2020年11月完成万米海试，创造了10 909米的中国载人深潜纪录，体现了我国在海洋高技术领域的综合实力。

◆奋斗者号载人潜水器

4.2
无人遥控潜水器

　　无人遥控潜水器是一种通过电缆与母船连接，在母船操作人员的控制下完成水下作业任务的作业型机器人。无人遥控潜水器包括潜水器本体、水面控制设备、水下控制设备和脐带缆等部分。脐带缆为无人遥控潜水器的本体系统提供电能，母船操作人员通过脐带缆操纵或控制潜水器，通过水下电视、声呐等专用设备进行探测，也可以遥控操纵潜水器机械手及配套作业工具，实现水下作业。

　　第一台无人遥控潜水器系统诞生于1953年。据统计，全世界一半数量以上的无人遥控潜水器系统是直接或间接为海洋石油开采业服务的，主要用于开展海底油气管道、采油树、热插拔电源等部件的布放回收、连接安装、维护检修等工作。

　　大型深海无人遥控潜水器系统，一般都配置有系缆管理系统，它是大型深海无人遥控潜水器系统的重要组成部分，用于储存和收放中性缆，从而确保无人遥控潜水器本体在水下具有良好的动作灵活性、运动平稳性和可操作控制性，消除或降低水面扰动对无人遥控潜水器的影响,并增大其作业半径。系缆管理系统一般设置在无人遥控潜水器和甲板吊放系统之间,它对于保证无人遥控潜水器的安全及作业具有重要的作用。

按照无人遥控潜水器的大小和应用分类,大体可分为三类:即作业级工程作业型、作业级科学研究型和小型观察型无人遥控潜水器。

作业级工程作业型无人遥控潜水器一般非常庞大,需要特殊的大洋调查船舶配合其操作使用。这类潜水器带有水下机械手、液压切割器等作业工具,造价高,主要用于水下科考、搜救打捞、水下施工等应用。

作业级工程作业型　　　作业级科学研究型　　　　小型观察型

◆不同类型的无人遥控潜水器

作业级科学研究型无人遥控潜水器在海洋科研机构中得到了广泛应用，如日本海洋地球科技研究所海沟号、美国伍兹霍尔海洋研究所的杰森号、德国莱布尼茨海洋科学研究所的KIEL 6000和我国的海龙号和海马号等，它们被广泛地应用在深海大洋探测任务中，在洋中脊热液区、海底沉船拍摄及打捞、海底观测网络相关设备的铺设等科学及工程任务中发挥了重要作用。

小型观察型无人遥控潜水器的核心部件是水下推进器和水下摄像系统，有时辅以导航、深度传感器等常规传感器。本体尺寸和重量较小，负荷较低，成本较低。

无人遥控潜水器在海洋探测中发挥着越来越重要的作用。不同类型的无人遥控潜水器用于执行不同的任务，被广泛应用于军事、海岸警卫、海事、海关、核电、水电、海洋石油、渔业、海上救助、管线探测铺设和海洋科学研究等各个领域。随着海洋探测需求的不断提高，无人遥控潜水器技术获得了飞速的发展，并实现了产业化。

海沟号

日本海洋地球科技研究所研制的海沟号深海无人遥控潜水器，长3米，重5.4吨，最大下潜深度11 000

米。海沟号于1990年完成设计，并经过6年时间研制建造完成。潜水器配置有复杂的摄像机、声呐和一对采集海底样品的机械手。

海沟号曾到达世界上最深的马里亚纳海沟11 028米深处，取得了许多重大科研成果，也曾创下世界潜水深度纪录，为太平洋地区地震勘查和人类医药研究领域做出了巨大贡献。不幸的是，在2003年5月29日的第296次下潜中，当下潜到南海海槽4675米时，设备供电失灵，海沟号丢失，一直未找到。事件发生后，日本海洋科学界和日本政府为之震惊，有人甚至将其比作海底"哥伦比亚号坠毁事件"。海沟号丢失后，日本地球科技研究所新研制了海沟7000 II 号，最大下潜深度为7000米。

◆海沟号

杰森号

杰森号无人遥控潜水器长3.4米，宽2.2米，高2.4米，最大下潜深度6500米，主要通过支撑船舶艉部侧舷折臂吊实现潜水器的布放和回收。无人遥控潜水器载体上配置声呐成像仪、视频与图像照相机、视频云台、采水器等。杰森号设计水下连续工作时长为100小时，实际可在水下连续工作21个小时。杰森号已在太平洋、大西洋和印度洋的热液区附近进行了成百上千次的下潜，平均每次水下作业时间为1～2天。

杰森号无人遥控潜水器首次下潜是在1988年，主要服务于深海科学研究，是一艘著名的深海科研型无人遥控潜水器。除此之外，杰森号在水下考古方面还开展了一些工作，比如它的原型小杰森号曾经被用

◆杰森号无人遥控潜水器

于调查泰坦尼克号海底残骸，还于1989年在水下调查了沉睡于海底1600年的罗马贸易船残骸。

海龙号

海龙 II 号是我国自主研制的水下机器人，高约3.8米，长、宽均为1.8米左右，最大可提取250千克的物品，设计最大下潜深度3500米，配备了5台多功能摄像机和1台静物照相机，并装有6个泛光照明灯和2个高亮度氙气灯，可为海洋科考提供丰富而翔实的第一手数据资料。

◆海龙 II 号无人遥控潜水器

海龙 III 号无人遥控潜水器的最大作业水深6000米，具备海底自主巡线能力和重型设备作业能力，可搭载多种调查设备和重型取样工具。

◆海龙Ⅲ号无人遥控潜水器

　　海龙11000号是万米级深海无人遥控潜水器，设计最大工作深度为11 000米。其系统方案、总体方案、控制方案突破了传统缆控无人潜水器模式，大量采用创新技术。其中，可加工浮力材料、多芯贯穿件等部件均为我国自主创新成果。

◆海龙11000号无人遥控潜水器

混合型无人遥控潜水器

混合型无人遥控潜水器（Hybrid Remotely Operated Vehicle，HROV）兼有无人遥控潜水器（ROV）和无人自主潜水器（AUV）两种工作模式。当带光纤缆时，以ROV模式工作，并且一般搭载采样篮，携带传感器及作业工具较多；当不带光纤缆时，以AUV模式工作。混合型无人遥控潜水器的工作流程一般为：先利用AUV模式对目的海域进行测绘、探测等宏观调查，当发现目标区域后，切换成ROV模式，对具体区域进行详细调查。

最为著名的混合型无人遥控潜水器系统是伍兹霍尔海洋研究所的海神号（下潜深度11 000米级）。2009年来，海神号系统开展了初期海试。2014年5月

◆海神号混合型无人遥控潜水器

10日，海神号在探索新西兰的克马德克海沟时在水下9990米处失踪。随后，操作海神号的船上工作人员发现了海面上漂浮着潜水器的碎片，推测是潜水器的陶瓷球在水下发生了内爆，导致海神号失踪。

◆海神号在水下作业

4.3
无人自主潜水器

无人自主潜水器（Autonomous Underwater Vehicle，AUV）是能够自主水下航行、自主探测的潜水器。其活动范围不受电缆限制，具有活动范围大、机动性好、安全、智能化高等优点，可用于铺设管线巡察、海底考察、数据收集及侦察、布雷排雷、援潜救生等领域。

无人自主潜水器依靠预设的程序开展水下甚至冰下自主巡航与调查测绘，需要自身携带电池为推进器供电，巡航时间相对较短。根据其外形大小划分，可分为大中型无人自主潜水器和小型无人自主潜水器。比较闻名的大中型无人自主潜水器包括英国南安普敦大学的Autosub、挪威的Hugin、丹麦的Martin-600、加拿大的Explorer，美国的Odyssey等。挪威的Remus是比较知名的小型无人自主潜水器，被广泛地应用于海洋测绘和自适应采样工作中。

ABE 号和 Sentry 号

伍兹霍尔海洋研究所研发的无人自主潜水器命名为ABE，主要用于深海海底观察，其特点是机动性好，能完全在水中悬停，或以极低的速度进行定位、地形勘测和自动回坞。该潜水器长2.2米，巡航速度2节，续航力根据电池类型在12.87～193.08千米，动力采用铅酸电池、碱性电池或锂电池。该潜水器因为作业事故丢失后，伍兹霍尔海洋研究所研新研制了另一台无人自主潜水器，命名为Sentry，下潜深度4500米，主要用于定位和测量海底热液喷口的热通量，还可以和阿尔文号载人潜水器和杰森号无人自主潜水器配合使用，以提高深潜调查作业效率。

◆ ABE（左）和Sentry（右）号无人自主潜水器

潜龙号

为了满足我国深海资源勘探需求，在中国大洋协会的组织下，我国先后研制了潜龙号无人自主潜水器系统，包括潜龙一号、潜龙二号和潜龙三号。

潜龙一号的外形是一个长4.6米、直径0.8米、质量1500千克的回转体，最大工作水深6000米，巡航速度2节，配有浅地层剖面仪等探测设备。潜龙一号可完成海底微地形地貌精细探测、底质判断、海底水文参数测量和海底多金属结核丰度测定等任务。

◆潜龙一号无人自主潜水器

潜龙二号是针对多金属硫化物区域设计的深海无人自主潜水器，它携带了包括声学探测器、照相机、磁力仪和多种用于多金属硫化物区域探测的传感器。该潜水器在利用声学探测器对海底地形进行全方位覆盖测量的同时，可以利用潜水器自带的磁力、温度、浊度等传感器进行热液区的调查。

◆潜龙二号无人自主潜水器

　　潜龙三号长3.5米，高1.5米，质量1500千克，呈立扁形状，还带有四只"鳍"，外形样貌似小丑鱼，它的主要应用方向是深海复杂地形条件下的资源环境勘查。

◆潜龙三号无人自主潜水器

4.4
水下滑翔机系统

　　水下滑翔机也属于无人自主潜水器的一种，是一种无外挂推进系统，这是通过内置执行机构调整重心位置和净浮力来控制自身运动的新型潜水器，主要用于长时间、大范围的海洋环境监测。锯齿形的运动轨迹，可实现海洋三维空间加时间尺度的自主调查，作业成本低，可实现集群、协同垂直剖面观测。水下滑翔机具有工作持久、传感器搭载灵活、群体组队灵活和便于应对复杂海况等应用优势。

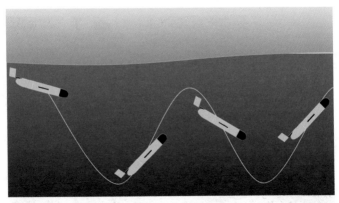

◆ 水下滑翔机滑翔轨迹

水下滑翔机在海洋观测及军事等领域得到了广泛应用，但其应用面临着自携带电池能量限制、运行速度慢等挑战。目前，美国的水下滑翔机技术处于世界的前列，研发并应用了最为著名的三类水下滑翔机，分别是斯洛克姆（Slocum）水下滑翔机、斯普雷（Spray）滑翔机和西格莱德（Seaglide）水下滑翔机。这三类水下滑翔机已实现产业化，特别是斯洛克姆水下滑翔机已大量生产，斯普雷水下滑翔机主要应用于深海的环境探测，而西格莱德水下滑翔机已被广泛地应用于美国海军的安全防卫工作。

　　斯洛克姆水下滑翔机是一种高机动性，适合在浅海工作的水下滑翔机。它身长1.5米，直径0.21米，能在4～200米的深度范围内以平均4米/秒的速度航行30天以上。滑翔机天线内置于尾翼中，在水面时，其尾部气囊膨胀，使天线露出水面进行通信。

　　斯普雷水下滑翔机被用于更深的海域，最大下潜深度1500米。它采用细长低阻力的流线型外壳，把天线内置于滑翔翼中以进一步减小阻力。当滑翔机浮出水面旋转90°，使有天线的滑翔翼垂直露出水面，便可以进行卫星通信和全球定位。该滑翔机在尾部的垂直尾翼上装有备用的ARGO天线，可在卫星通信失败时启用。

　　西格莱德水下滑翔机，能够在更广阔的海洋中航行数千千米，持续时长可达6个月，最大下潜深度为1000米。截至目前，它最久的一次任务持续了5个月，航行了2700千米。西格莱德曾航行通过阿拉斯加湾和拉布拉多海的多个冬季风暴，均能够有效地进行测量，并能在目标位置进行垂直采样（相当于一个虚拟垂直剖面仪）。西格莱德的俯仰角度范围为10°~75°，它的全球定位系统卫星天线装在尾部一根约1米的杆子上，在浮出水面时，不需要借助辅助的浮力装置，天线就能高出水面，从而实现全球定位和通信。

中国科学院沈阳自动化研究所、天津大学是我国研制水下滑翔机的前沿单位，它们分别开展了海翼号、海燕号水下滑翔机的研制，其他相关单位（包括部分公司）也开展了水下滑翔机的研制工作，总体呈现遍地开花的局面。

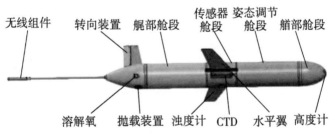

◆海翼号水下滑翔机三维效果图

4.5
潜水器发展趋势

工作深度：从浅水到深海

伴随着人类海洋意识的提高，全世界对海洋的认识程度和重视程度越来越深。同时，由于浅海探索所需要的技术手段相对较为简单，人类对于浅海的认识已逐渐趋于成熟。进入深远海已纳入世界很多国家的海洋发展战略。对海洋的研究需求是发展海洋技术的原动力，迫切需要潜水器技术的升级与转型。从浅水到深海，海洋对潜水器的水密性、耐高压性和控制技术提出了更高的要求。据此，科学家也在不断努力。比如，探索马里亚纳海沟极限漏斗区域的深海挑战者号、万米级混合型无人遥控潜水器海神号、万米级无人遥控潜水器海沟号等。

种类：从载人潜水器到混合系统及中小型自治系统

载人潜水器在海洋科考与探索中发挥着不可替代的重要作用，也是一个科研单位甚至一个国家海洋科技实力的重要象征。而混合系统的出现及中小型自治系统的复苏，在某些方面可以取代载人潜水器的功能，减少应用操作投入。下表是当今各种主流潜水器的应用模式、续航力、工作时间、传感器搭载和应用成本的统计与比较，反映了中小型自治系统将是未来潜水器技术的发展趋势之一。

▲深海潜水器及其特征比较

平台	应用模式	续航力	工作空间	传感器搭载	应用成本
载人潜水器（HOV）	载人无缆	数小时	小	多	大
无人遥控潜水器（ROV）	无人有缆	数小时~数天	小	多	大
混合型无人遥控潜水器（HROV）	无人有缆	数小时~数天	小	多	大
	无缆自治体	数小时~数天	小	少	小
无人自主潜水器（AUV）	无人自治体	数小时~数天	小	中	中
水下滑翔机（Glider）	无人自治体	数周~数月	中	少	小

工作模式：从单潜水器到多平台协作

随着水下调查任务的繁重性与复杂性增强，以及多平台应用与作业技术的提高，潜水器的工作模式开始由单潜水器转向多平台协作。主要包括同类型潜水器的协同作业和不同类型潜水器的协同作业两种多平台协作方式。其中，多平台协作涉及很多技术难点，包括潜水器之间的通信、多平台协作的稳定性控制等，仍需研究解决。

向经济实用的绿色能源方向发展

海洋探索是一项比较耗费物质资源的调查活动，因此具有低功耗、强搭载能力和依靠绿色能源的潜水器是未来发展方向。如依靠波浪能驱动的波浪滑翔

◆依靠波浪能驱动的波浪滑翔机

机，历时一年不间断航行，从加利福尼亚州航行到澳大利亚，横渡太平洋14 884千米。由此来看，依靠波浪能、温差能等绿色能源驱动的潜水器将是未来的重要发展方向。

第五章 深海探索与发现

　　深海载人潜水器在深海探索中实现了诸多重大科学发现也执行了许多重要任务，如发现热液区、协助打捞氢弹等。相比于载人潜水器，无人潜水器也各自发挥了自己的探测优势，在海洋科考中屡建奇功。深海探测的发展方向是深海开发，目前国际上已经进入由勘探到开发的新阶段。

　　人类利用深海潜水器，获得了哪些重大的深海发现？蛟龙号做了哪些调查工作？深海开发现在进展情况如何？

125

5.1
载人深潜应用先驱

世界最为著名的作业型载人潜水器包括美国的阿尔文号、俄罗斯的和平Ⅰ号、日本的深海6500号载人潜水器，它们投入应用较早，主要应用于包括深海生物学、深海地质学调查领域，为世界生命科学和地球科学进步发展做出了重要贡献。

阿尔文号

1966年，阿尔文号在西班牙海域成功搜索并打捞美国空军遗失的氢弹，轰动世界。

20世纪70年代，阿尔文号开始了科学应用并取得了一系列重大的科学发现。1971年至1975年，阿尔文号在大西洋洋中脊海域完成了美国和法国联合实施的中期海洋海底研究项目，首次搭载科学家直接对大洋中脊进行观测。1974年，阿尔文号与法国载人潜水器合作完成第一次近距离观察大西洋中脊，证明海底沿洋中层水域山脊的扩张理论。1977年，阿尔文号在东太平洋海隆海域完成了美国、法国和墨西哥联合开展的地质探究项目，对该区域的地质情况进行了初步探索研究。

20世纪80年代，阿尔文号先后在东太平洋海隆、墨西哥湾、大西洋中脊和西太平洋等海域完成了一系列地质学、生物学调查任务。此外，阿尔文号于1985年和1986年分别发现了泰坦尼克号和俾斯麦号的残骸。20世纪90年代以来，载人潜水器的科学应用异常活跃。1993年，阿尔文号在大西洋中脊开展地震研究，在南亚速尔群岛发现了新的热液区。

2006年，阿尔文号完成了美国国家海洋与大气管理局组织的海洋调查计划，对海底热液系统的生命和热液流动进行了原位监测。2008年，阿尔文号在东太平洋海隆完成了微生物、生物地球化学和测试热液区的化学成分等科学考察。

◆阿尔文号进行深海探测

左：探测泰坦尼克号；右：在深海热液喷口取样

和平号

俄罗斯于1987年研制建造完成的和平I号、和平Ⅱ号两台载人潜水器在太平洋、印度洋、大西洋和北极等海域进行了大量科学考察。从1987年至2009年的22年里，和平号载人潜水器的科学考察次数超过48次，完成了对位于大西洋、太平洋、印度洋、北冰洋的大约22个热液口的调查（其中有3个热液口是由和平号载人潜水器发现的）和对"黑烟囱"和海底裂缝区的调查。

自1989年至2000年，和平号载人潜水器共下潜90余次，对沉没在海底的俄罗斯核潜艇共青团号和库尔斯克号进行了核燃料的调查控制和危险处置工作。自1991年至2005年，和平号载人潜水器在泰坦尼克号邮轮的残骸区域进行了多次探险考察，协助《泰坦尼克号》《深海幽灵》等电影的拍摄。1998年11月，在大西洋中部5400米深处探测到二战时期日本潜艇I-52的残骸。2007年8月，在厚达2.5米的冰层下潜至北极海底4300米处，完成了北极探险的首次下潜，这也是唯一一艘在北极下潜过的载人潜水器。2008年至2010年，针对地球上最深淡水湖——贝加尔湖开展科学研究，共下潜130次，发现了在900米深处的巨大储量的天然气水合物和目前尚未明确的动植物。2011年，和平I号、和平Ⅱ号完成了对瑞士日内瓦湖的一系列生物学调查。

深海 6500 号

日本的深海6500号载人潜水器于1989年投入使用，在西太平洋、北大西洋及南印度洋等海域均进行了下潜作业，在海洋地质、海底火山及生物方面进行了大量调查研究。1992年，日本科学家乘坐深海6500号载人潜水器在鸟岛海域4146米深处发现了22块古鲸遗骨及古鲸骨上寄生的小贝和深海虾群。

1995年，美、日共同对大西洋、太平洋的深海调查中，在奥尻岛海域发现了日本海的深海系化学合成生物群。日本科学家乘坐深海6500号在日本海沟6200米深的斜坡上发现了裂缝，并对北海道西南海区1993年地震引起的海啸和海底扰动进行了调查研究，同时还发现了一条地震断层悬崖。

1999年，深海6500号对夏威夷群岛海底火山的成长及衰亡开展研究，进行了详细深入的海底火山调查。2000年，深海6500号在南冲绳岛海沟进行海底观测和取样作业，通过拍摄掌握了水深300米至6000米内不同深度海洋生物的分布情况。2005年至2006年，深海6500号对日本东海岸海域完成了一系列生

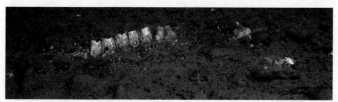

◆深海6500号发现海底古鲸遗骨

物学、地质学调查。2011年，深海6500号在东日本大地震震中海底进行调查，在震源东北偏北方向约180千米的5351米水下，拍摄到长80米、宽度和深度均在1米左右的海底裂缝。对此2006年拍摄的同一区域，未见此裂缝，因此估计该裂缝很有可能是在大地震或余震中形成的。日本还组织了两次深海6500号载人深潜环球科考，第一次于1998年开展，第二次环球科考始于2013年1月，在南半球开展生物多样性与分布调查。

鹦鹉螺号

法国于1985年研制成功的鹦鹉螺号载人潜水器开展了大西洋中脊、多金属结核区域、海底火山、海底生态系统等方面的调查，以及沉船、有害废料等搜索任务。1997年至1999年，鹦鹉螺号载人潜水器对大西洋中脊处的彩虹热液口开展了生物学科考下潜。2007年，鹦鹉螺号载人潜水器对马尔马拉海域的冷泉、海底底栖动物、生物多样性、生物的化能合成作用以及海底生态环境进行了系统的调查。2011年，鹦鹉螺号完成了对地中海沿岸海底生态环境的下潜调查。

5.2
蛟龙吹响探海号角

蛟龙号载人潜水器是一个复杂的系统工程，包含潜水器本体、母船及水面支持系统、潜航员培训、应用体系四个方面。蛟龙号载人潜水器项目于2002年立项，于2008年底完成研制，于2009年至2012年分别完成1000米级、3000米级、5000米级和7000米级海上试验，最大下潜深度为7062米。

◆ 蛟龙号海上应用

在研制与海试过程中，蛟龙号通过连续十余年的基础研究、技术攻关，解决了7000米大深度下耐压、密封、安全技术，可靠水声通信技术，深海复杂环境下精细作业技术等世界性难题，创建了我国载人潜水器深潜作业技术体系，实现了我国载人深潜技术由跟跑、并跑发展为领跑的重大跨越。蛟龙号总体技术水平和关键指标达到国际领先水平，技术创新突出，对我国深海装备行业科技进步的推动作用显著。

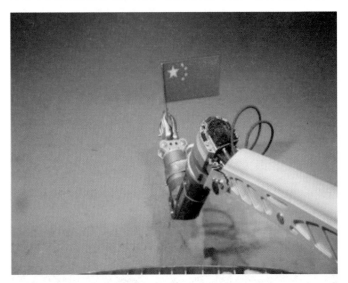

◆蛟龙号南海海底插国旗

蛟龙号自应用以来，先后在我国南海、东太平洋多金属结核勘探区、西太平洋海山结壳勘探区、西南印度洋脊多金属硫化物勘探区、西北印度洋脊多金属硫化物调查区、西太平洋雅浦海沟区、西太平洋马里亚纳海沟区这七大海区，成功开展了152次下潜，主要为国家海洋局大洋协会深海资源勘探计划、环境调查计划、国家科技部973计划、中科院深海先导计划、国家自然科学基金委南海深部计划五大计划提供了技术和装备支撑。作业覆盖海山、冷泉、热液、洋中脊、海沟、海盆等典型海底区域，深海科技成果丰硕，获取了海量珍贵视像数据资料和高精度定位的地质与生物等样品。深潜工程技术保障队伍和深潜科学家队伍也在不断壮大，安全管理制度趋于完善，多系统、多任务的工作格局已经形成，为业务化运行跨出了坚实一步。

◆蛟龙号拍摄的海底热液区

在试验性应用阶段，蛟龙号完成了95个潜次的有效下潜，实现了100%安全下潜，作业能力覆盖7000米水深以上的海域，完成了连续大深度安全下潜，充分发挥了蛟龙号全球领先的深度技术优势，为我国抢占国际深渊科学研究前沿提供了强有力的技术支撑。

　　海底"黑烟囱"喷口内的高温热液取样和连续观测，证明了蛟龙号高精度定点悬停作业能力。在西南印度洋和西北印度洋热液区复杂地形下，蛟龙号实现了对深海海底的11米高"黑烟囱"顶部直径5厘米喷口内379.7℃热液的保压取样和连续温度测量。海底深渊科学仪器的定点布放与回收，又证明了蛟龙号高精度搜寻目标作业能力。在第100潜次及128潜次，蛟龙号成功在西南印度洋及西北印度洋热液区搜寻并回收了前序潜次布放的微生物富集罐等作业工具，第

◆蛟龙号机械手夹持温度探针测量热液喷口温度

144潜次更成功地在马里亚纳海沟6300米深度搜寻并回收了第122潜次布放的气密性保压序列采水器，在国际上首次实现了时隔一年在超过6000米水深的海底对科学仪器的定点搜寻与回收。

蛟龙号水声通信技术和微地形地貌探测技术优势在试验性应用中得到发挥和验证。蛟龙号数字水声通信系统工作稳定，传输正确率超过90%，保障了潜水器水下作业安全；蛟龙号高分辨率测深侧扫声呐累计完成测线长度17.2千米，绘制海底三维测深图覆盖面积6.876平方千米，绘制侧扫图覆盖面积13.752平方千米，并获取了各个区域大量的海底微地形地貌数据，特别是在第125潜次中首次实现了热液"烟囱"弥散流的探测，获取了海底热液弥散流侧扫图。

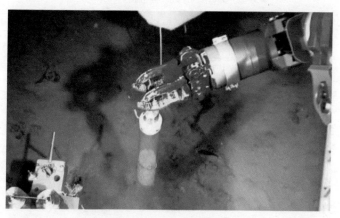

◆蛟龙号机械手夹持沉积物取样器进行海底沉积物取样

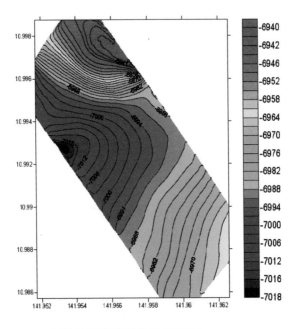

◆蛟龙号海底精细地貌探测

　　试验性应用航次获得了丰富的载人深潜调查成
果，极大地推动了我国深海相关领域的科学研究。成
熟的蛟龙号作业模式、成套的安全保障制度体系及一
批新成长起来的专业的潜航员与技术保障队伍，推动
着中国载人深潜事业的快速发展，践行着"深海进
入，深海探测，深海开发"的战略要求，同时也标志
着我国载人深潜事业进入国际先进行列，蛟龙号试验
性应用工作的顺利开展，坚定了我国开展万米潜水器
研制的信心与决心。

5.3
无人潜器四洋探海

无人遥控潜水器

与其他深海潜水器相比，无人遥控潜水器具有水下工作时间长、作业能力强、负载能力强、无作业人员人身危险事故等优势，借助于光纤技术可以实现海量信息和控制指令的实时传输。而日本的海沟号、美国的海神号属于混合型无人遥控潜水器，已经到达过世界最深的马里亚纳海沟"挑战者深渊"，并获得了珍贵的样品和资料。

目前国际上商用的（海上油气行业等）无人遥控潜水器系统大都工作在3000米水深以上海域；在海洋探测和科学研究领域，无人遥控潜水器系统一般工作在3500米水深以下海域，大多是大深度系统；用于科学研究的无人遥控潜水器系统一般设计深度在6000米级，比如美国的杰森号（6500米）、德国的KIEL 6000号（6000米）、中国的海龙Ⅲ号（6000米）等。伍兹霍尔海洋研究所研制的杰森号无人遥控潜水器最为著名。自2002年来，杰森号已经在太平洋、大西洋和印度洋开展了上千次下潜，潜水器每个潜次平均海底作业时长为21个小时，最长的一次下潜长达100个小时。2016年，第三代杰森号正式服役。

在海底搜寻打捞方面，无人遥控潜水器在日本1999年的火箭飞行器搜索中也发挥出了重要作用。此次搜寻和打捞综合采用侧扫声呐、视频摄像机、静态照相机等多种调查手段，首先在可疑区域用海沟号进行侧扫声呐和可视调查进行搜寻，接着采用声呐拖体和摄像拖体扩大搜寻范围，找到目标后用海豚号进行细致搜寻和部分零件打捞，最后通过专用打捞公司采用Remora 6000号进行打捞。

目前中国自主研发且开展应用的无人遥控潜水器系统，主要包括海龙号和海马号。

海龙 Ⅱ 号潜水器设计深度为3500米，主要应用于3500米深度以内的大洋海底调查活动，包括海底热液矿物取样、深海生物基因和极端微生物调查研究等。在中国大洋第21航次深海热液科考任务中，海龙 Ⅱ 号在太平洋赤道附近洋中脊扩张中心，东太平洋海隆"鸟巢""黑烟囱"区域观察到高26米、直径约4.5米的罕见巨大"黑烟囱"，其形似巨大的珊瑚礁，在不间断地冒出滚滚浓烟。

海龙 Ⅲ 号于2018年开展试验性应用，已在西南印度洋龙旂热液区等区域进行了下潜应用。海龙11000号无人遥控潜水器目前同样处于海试应用阶段。2018年9月，海龙11000号在西北太平洋海山区完成了6000米级大深度试验潜次，最大下潜深度为5630米，创造了我国作业型无人遥控潜水器的下潜深度纪录。

海马号潜水器设计下潜深度为4500米级，目前应用领域主要集中在我国的西太平洋海山富钴结壳勘探合同区和南海冷泉区。在西太平洋海山区，科学家利用海马号开展了富钴结壳规模取样器海试，首次开展了富钴结壳高频声学厚度剖面连续探测；利用"三点激光"系统，实现了对海底摄像的在线视频资料的实时智能化处理分析等工作。在南海冷泉区，海马号取得了丰富的样品，拍摄到了大量高清海底视像资料。

无人自主潜水器

国际上，美国、加拿大、英国和德国等发达国家的深海无人自主潜水器技术走在世界前列，广泛地应用于军事、科研等领域。而我国无人自主潜水器研制起步较晚，科学研究型无人自主潜水器系统主要包括潜龙一号、潜龙二号和潜龙三号。

潜龙一号研制项目于2011年11月正式启动，于2013年3月完成湖上试验及验收，5月搭乘海洋六号船在南海进行首次海上试验，10月成功实现在东太平洋5000多米水深持续工作近10小时的试验性应用。潜龙一号主要应用在平坦海底地形的调查研究。

2016年1月，潜龙二号在西南印度洋完成了下潜勘探，进行了全部探测功能测试，拍摄了300余张海底高清照片，获得了甲烷含量、浊度、温度、磁场等海底环境参数数据，以及近海底50米微地形地貌有效数据。本次全部探测功能测试取得成功。

2018年2月，向阳红10号抵达西南印度洋工作区，配合潜龙二号顺利布放入水进行探测作业。潜龙二号在近海底工作30小时，航程约70千米，最大潜深为2920米，在地形起伏1800多米的区域内，获得了大量的精细地形地貌数据和多种传感器探测数据，表明潜龙二号具有高智能自主避障能力和稳定航行控制能力。

2018年4月，潜龙三号在南海进行首次海试。在整个海试航段中，潜龙三号展现了出色的稳定性和可靠性，最大续航力创深海无人自主潜水器单潜次航程新纪录，总航程156.82千米，航行时间42.8小时，满足续航力30小时的技术指标要求，大大增加了单潜次试验探测面积。潜龙三号的应用创建了从多金属结核试采区长途跋涉几十千米到环境参照区的单潜次跨区域作业模式，大大提高了探测效率。

水下滑翔机

美国在综合海洋观测系统中发起了一项国际水下滑翔机网络计划，参与单位包括斯克利普斯海洋研究所、罗格斯大学、华盛顿大学、俄勒冈州立大学、南佛罗里达大学等。自2002年至2013年3月，水下滑翔机在美国沿海开展了广泛的调查。2010年墨西哥湾溢油，大量水下滑翔机被政府、企业和学术机构布放入海，从沿海浅岸到深海，用于观测墨西哥湾溢油对海洋的影响程度。

我国比较有代表性的水下滑翔机系统主要是中国科学院沈阳自动化研究所研制的海翼号和天津大学研制的海燕号水下滑翔机，这两类水下滑翔机分别开展了海试和实际应用，相关技术正在逼近国外领先水平。

在2015年4月的海翼号深海滑翔机试验中，海翼号提供的高精度水下0~1000米的温盐数据帮助科学家系统地分析了存在于南海北部的一个反气旋涡场的垂直结构，定量地得到了涡场在水下的温度和盐度差异值，以及涡场在水下部分的旋转速度。通过对水团的分析，科学家确定了该涡场来自台湾西南部脱离的黑潮水。

2017年3月，海翼号水下滑翔机最大下潜深度达到6329米。此次，海翼号在马里亚纳海沟共完成了12次下潜工作，总航程超过134.6千米，收集了大量高分辨率的深渊区域水体信息，为海洋科学家研究该区域的水文特性提供了宝贵资料。海燕号水下滑翔机于2018年4月在马里亚纳海沟海域探测完成18个剖面的下潜观测，最大下潜深度达到8213米，刷新了由我国海翼号水下滑翔机保持的6329米的纪录。此后，这些数据记录仍在不断地被刷新。

5.4
深海开发迈开步伐

　　深海作为人类生存与发展的战略新疆域，与生命起源、气候变化、地球演化等重大科学问题研究前沿息息相关，深海空间的巨大资源潜力和环境服务价值日益受到人们的关注。随着全球人口的持续增加、陆地资源的日渐枯竭以及科学技术的迅猛发展，人类对于海洋的重视和依赖程度达到前所未有的高度。世界海洋大国在加强各自管辖海域开发的同时，逐步推进国家管辖外深海与大洋空间的勘探开发活动。可以说，深海开发已经成为我国及世界海洋大国应对全球战略格局调整和引领新一轮经济转型建设发展的重大举措。

　　深海开发是一个广义的概念，其涵盖的领域较广，目前深海开发的重点方向主要包括矿产资源、渔业资源、油气资源和基因资源四个方面。由于深海海域远离陆地，海域海况复杂多变，深海开发活动受制于装备技术、经济可行性等条件限制。除此之外，深海开发活动与深海生物多样性保护、深海环境影响评价等国际关注热点问题紧密相连。我国战略性地提出拓展深海、深空、极地、网络四大新空间，将深海进入、深海探测和深海开发过程中关键技术的掌握作为重点发展领域，明确我国深海探测与开发战略目标。

深海多金属结核、富钴结壳、多金属硫化物三种作为主要的深海矿产资源，其采集方法和技术主要取决于矿产资源在海底的赋存状态。此外，深海矿产资源开发不仅需要深海地质、深海矿物、深海生物、基因技术等相关学科的支撑，更是多环节关联的复杂系统工程，需要在数千米水深，承受海流和风浪流影响及海水腐蚀等不利条件下作业。按照深海资源开发的先后顺序，可以将深海技术归纳为勘查技术、开采技术、加工技术、运载技术和通用技术。其中，能在水深达6000米的洋底恶劣环境下稳定运行的深海运载技术作为当今深海勘查与未来开发和装备的基础性技术，是深海资源勘探和开采共用的技术平台，涉及系统通信、定位、控制、能源和材料等各种通用基础技术，深海资源开发技术集成与关键技术研发也是国际竞争和合作的前沿。

国际深海采矿开始于20世纪中叶，但是随着陆地矿产资源勘测新发现、国际金属矿石价格起伏、国际海底矿产资源产权归属困境及环境破坏隐忧，尤其是巨大的前期勘探投入成本与超长回报周期，导致真正的深海矿产商业化开发迟迟难以实现。

随着经济的发展和技术的进步，人类对深海矿产资源的研究利用开始进入由"勘探"到"开发"的过渡阶段。深海矿产资源开采因为种种原因成为传统陆上采矿业的禁区，而这一禁区首先被加拿大鹦鹉螺矿业公司所打破，该公司一直致力于多金属硫化物的勘探与开发，并取得了重要进展。作为世界上第一个涉及海底采矿领域的矿业公司，鹦鹉螺矿业公司对项目的资源量评估、采矿计划以及资源描述等方面都进行了细致的工作以确保项目的可靠性实施。鹦鹉螺矿业公司根据海底采矿需求，委托英国水下机器人制造公司生产了海底采矿机、海底辅助切割机等设备。

◆海底采矿机

◆海底辅助切割机

此外，德国、荷兰、比利时等世界主要发达国家在海洋矿产资源开采领域处于世界前列，依靠其领先的深海技术装备水平，着手开展深海多金属结核、多金属硫化物等矿产资源的试开采及深海开采装备的试验。我国的深海采矿研究工作虽起步相对较晚，但在国家大洋专项的支持和中国大洋矿产资源研究与开发协会的组织协调下，我国的深海采矿工作取得了长足的发展。

深海采矿工作对技术和装备的要求极高。深海采矿系统技术可分为通用技术和专用技术，通用技术中的深海动力、深海通信等，可以直接应用深海油气工业中已发展的深水电动机、深海电缆及声呐等技术和装备，而深海矿产采集、输送等专用技术和装备，虽然也可以根据需要借鉴或移植海洋油气和陆地采矿中的方法与技术，但却必须面对和解决深海采矿特殊环境和特殊要求所带来的问题。

海底固体矿产资源的采集装备

深海固体矿产资源的采集方法和技术主要取决于矿产资源在海底的赋存状态。目前常用的采集装备为深海采矿车，基本采用履带自行式行走方式，同时根据矿物种类不同，采矿车上带有不同的采集设备。

多金属结核一般赋存于3000~5000米深度的海

底，因此世界各国均优先发展可靠的采矿方法，并对此进行了大量试验研究，有的甚至还进行了深海中间采矿试验。1996年长沙矿山研究院成功研制了履带自行式复合式集矿机，该机采用的集矿原理是前后双排喷嘴冲采-链板输送分离结核。其在水下重量4吨，空气中重量8吨，总功率35千瓦，外形尺寸长4.6米，宽3米，高2.1米。其主要技术性能包括：额定生产能力5.2～8.4吨/小时，采集率≥80%，拖泥率≥85%，采集结合矿石粒径2～10厘米，采集行驶速度0～0.095米/秒。

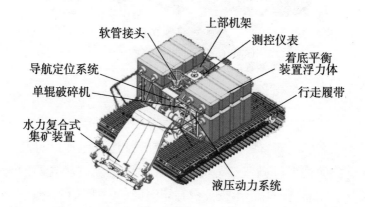

软管接头　上部机架
测控仪表
导航定位系统
着底平衡装置浮力体
单辊破碎机
行走履带
水力复合式集矿装置
液压动力系统

◆多金属结核采矿车

富钴结壳采集的关键问题是如何将结壳从基岩上有效剥离。基于此，长沙矿山研究院研制了一种海底富钴结壳矿区采矿实验车。该采矿车通过用四个三角履带装置实现行走，三角履带轮由4个同等排量的液压马达独立驱动，通过调节左侧、右侧马达的转速实现直行和转向。三角履带轮能够围绕各自的驱动轮前后摆动，从而适应不同地形的需求。

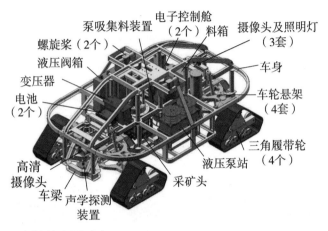

◆富钴结壳采矿车

根据对大量样品的力学性能测试，海底多金属硫化物矿的断裂特性类似于煤，韧性和塑性类似于盐和碳酸钾，轴向压缩强度小于40兆帕。就这类岩石的切割而言，陆上采煤业已有相当成熟的技术和装备可供移植或借鉴。中国船舶重工集团公司第七〇二研究所研制了海底多金属硫化物采矿车，该采矿车具有四履带行走功能，同时还包括硫化物切削头、抽吸头、软管泵等设备，均采用液压驱动，设计水深为3000米。

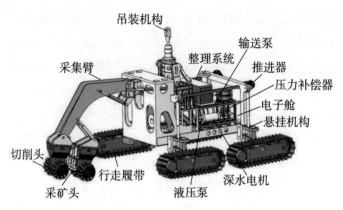

吊装机构

采集臂

输送泵

整理系统

推进器

压力补偿器

电子舱

悬挂机构

切削头

行走履带

采矿头

液压泵

深水电机

◆多金属硫化物采矿车

矿物从海底运向海面的输送装备

在管道提升式深海采矿系统中，采矿车在海底采集的矿物会通过数千米的管道泵送至水面采矿船上，在工程上是一个长距离管道输送问题。

1979年3月，以美国为首的加拿大、英国、比利时、荷兰、意大利和日本等数家公司参加的国际采矿财团海洋矿业公司首次采用带有中继舱的深海采矿系统，从5000米海底采集结核约1000吨。俄罗斯自1980年开始了带有中继舱的深海采矿系统研发，于1991年完成系统设计并在黑海100~1000米水深进行了1∶10模型样机试验。韩国海洋研究开发院。从20世纪90年代开始进行深海矿产资源的开发研究工作，已经完成从概念设计到具体结构设计的全过程，其中包括带有中继舱的海底集矿机管道提升系统的概念设计，以及水力机械复合式集矿子系统、扬矿子系统等的结构设计，该系统于2013年在1370米水深海域进行了采集模拟结核海试验证。加拿大的鹦鹉螺矿业公司采用隔膜正排量泵作为水下矿物提升泵在整个深海采矿提升系统中起到中继的作用。2012年鹦鹉螺矿业公司宣布，其水下矿物提升泵已进行工厂试验评估，且部分组件在2500米深的水中进行了测试。

我国长沙矿山研究院、北京有色冶金设计研究总院、长沙矿冶研究院在"八五"计划（1991—1995年）期间进行了深海采矿基础研究，提出了带有中继功能的清水泵水力提升深海采矿系统；在"九五"计划（1996—2000年）期间，在中继舱添加弹性叶片轮给料机，解决了给料卡堵、矿仓结拱、紧急排料等技术；在"十三五"规划（2016—2020年）中由长沙矿冶研究院牵头，中国船舶重工集团公司第七〇二所研制的深海采矿矿物提升系统的中继站计划于2021年完成1000米级海试。七〇二所主要承担中继站本体的设计管系力学分析，以及框架与内部设备集成的本体设计工作，包括中继站本体集成功能性设计、框架和摆动接头的设计、内部设备布置方案设计、深海储料仓设计。

深海采矿的水面支持系统

同海洋钻探、油气生产系统一样，水面支持系统为海底采矿车、矿物输送管道提升系统提供动力和操作控制，同时提供采矿系统工作人员的生活起居服务设施。不同的是，深海采矿的水面支持系统需要对从海底采集上来的矿石进行初步的脱水或分选处理后再送到运输船上运至陆地，因此采矿船上需要有足够大的船舱与空间来进行矿石脱水处理并存放等待运走的矿石。

2014年11月25日，福建省马尾造船股份有限公司承接了227米深海采矿船建造任务。该船型为全球首制，总长227米，船宽40米，型深18.2米，吃水13.2米，配置6600伏中压配电系统，总装机动力约

◆深海采矿船

31 000千瓦，动力定位能力二级，并带有防火、防水、分隔加强的设计要求，配备有7个推进器，199人高舒适度居住舱室。该船配置有完整的深海矿物采（集）系统，通过专用甲板大开口月池进行作业的矿物提升系统、矿物脱水和储存转运系统、水下机器人、大型甲板吊车、直升机平台等，具备于2500米深海区域采矿作业能力，可以装载矿货39 000吨，是当今世界深海采矿作业领域的技术前沿，标志着我国在海工建造领域迈向了一个新的台阶。

海洋议题是全球性"大议题"，海洋科学是综合性"大科学"，经略海洋是长期性"大战略"。人类所赖以生存的地球，有约71%的表面积被海洋所覆盖，纵然全世界的海洋工作者忙碌于世界海洋的各个角落，截至目前，人类只探索了约5%的海洋面积，仍有广袤的区域等待着人们去探索。辽阔、富饶、神秘的深海，是一座巨大的宝藏，是未来能源的希望，是构建人类命运共同体的重要疆域，具有重要的战略意义。同发达国家相比，我国在深海工作领域虽然起步较晚，但是发展迅速。在建设海洋强国的大背景下，我们需提高自身海洋意识，一代又一代持续去发现和挖掘深海的奥秘，去获得更多新的发现，才能在深海开发的道路上越走越宽，越走越远。